Osprey Aircraft of the Aces

Slovakian and Bulgarian Aces of World War 2

Jiri Rajlich
Stephan Boshniakov
Petko Mandjukov

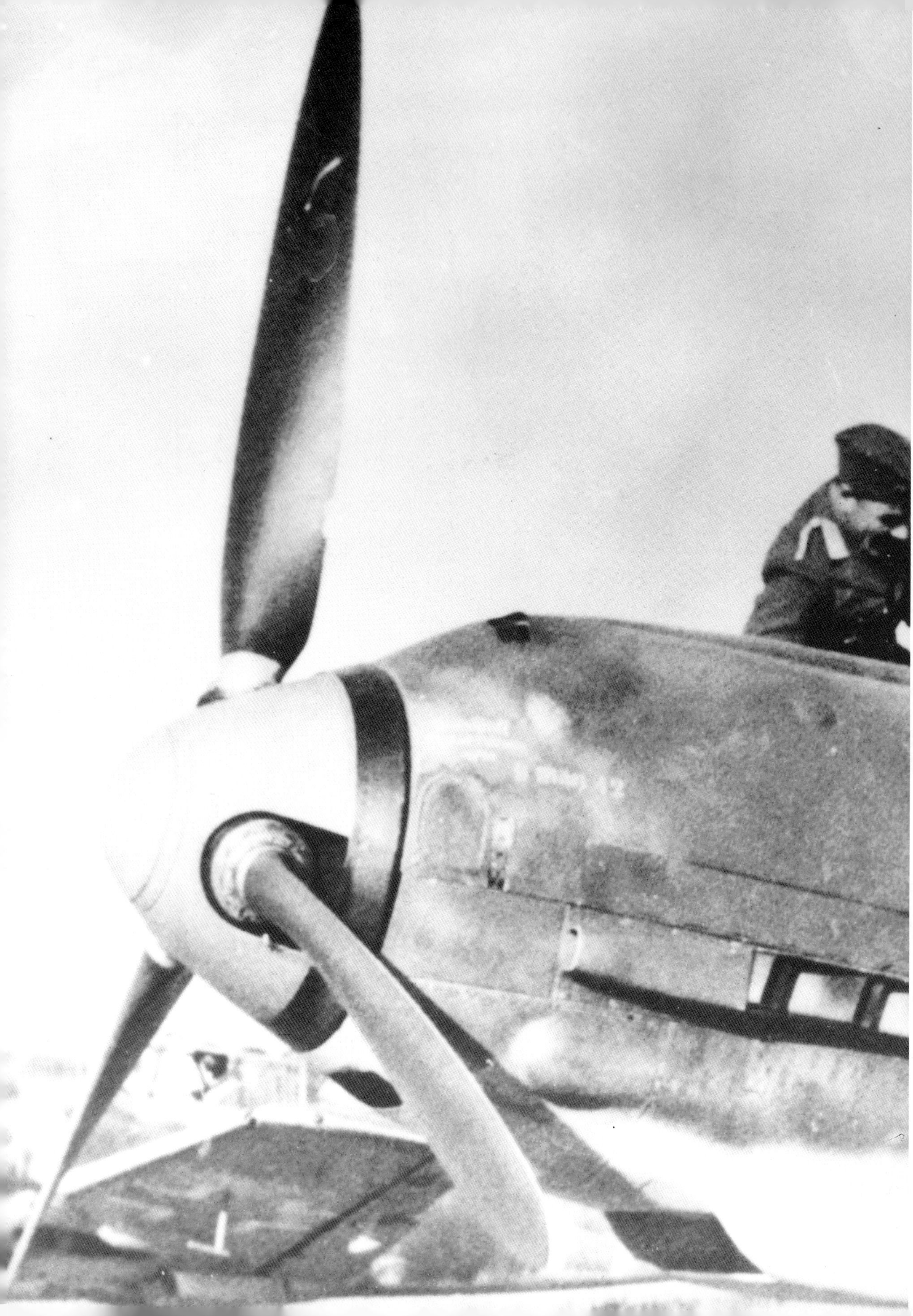

Osprey Aircraft of the Aces

「オスプレイ軍用機シリーズ」
51

第二次大戦のスロヴァキアとブルガリアのエース

[著者]
イジー・ライリヒ×ステファン・ボシュニャコヴ×
ペットコ・マンジュコヴ

[訳者]
柄澤英一郎

大日本絵画

カバー・イラスト／マーク・ポーストレスウェイト
カラー塗装図／ジョン・ウィール

カバー・イラスト解説
1942年11月28日朝、ドイツ第52戦闘航空団第13（スロヴァキア）中隊の隊員たちは、カフカス地方トゥアプセ付近の上空で索敵中、初めてソ連戦闘機に遭遇した。ともにBf109E-7に搭乗するスロヴァキア軍のパイロット2名、ヴラディミール・クリシュコ少尉とヨゼフ・ヤンチョヴィチュ軍曹の前に、9機のソ連軍ポリカルポフI-153「チャイカ」複葉戦闘機が現れたのだ。短時間の空戦ののち、Bf109E-7「白の12」（W.Nr. 6474）に搭乗するクリシュコが最初の1機を、ついでヤンチョヴィチュが2機を仕留めたが、ドイツ空軍の厳格な確認手続きに阻まれて、これらの戦果は1機も公認されなかった。
「ヨゾ」・ヤンチョヴィチュは公認7機撃墜のスコアをあげたのち、1943年3月29日、アゾフ海南岸上空で、Bf109G-2, W.Nr.14380に搭乗してLaGG-3戦闘機群と戦い、致命傷を負って、アフタニゾフスカヤ村付近に不時着、翌日、息を引き取った。「ヴラド」・クリシュコは1943年の2月から7月にかけて、ソ連機9機を撃墜した。1年後、クリシュコはスロヴァキアで起きた反ナチの民族蜂起に加わって活躍し、大戦を生き延びた。

凡例
スロヴァキア空軍（Slovenske vzdusne zbrane － SVZ）
Letecky pluk→飛行連隊
Letka→飛行隊
ブルガリア空軍（Vozdushni Voiski）
polk→連隊、orlyak→大隊、yato→中隊
ドイツ空軍（Luftwaffe）
Jagdgeschwader（JGと略記）→戦闘航空団、Gruppe（ローマ数字で表示）→飛行隊、Staffel（アラビア数字で表示）→中隊（例：I./JG 1→第1戦闘航空団第I飛行隊
13（slow）./JG 52→第52戦闘航空団第13（スロヴァキア）中隊）

訳者覚え書き
原著（英語版）ではスロヴァキア語固有名詞の正しい発音に不可欠な補助記号がすべて省略されていたため、人名の読み方については在日スロヴァキア共和国大使館のヴェロニカ・プリスタショヴァー（Veronika Pristašová）3等書記官からご教示を得た。厚く謝意を表したい。地名の読み方は主にThe Columbia Lippincott Gazetteer of the Worldによった。訳者注は［　］内に記した。

翻訳にあたっては「Osprey Aircraft of the Aces 58 Slovakian and Bulgarian Aces of World War 2」の、2004年に刊行された版を原本としました。［編集部］

目次 contents

6 はじめに
INTRODUCTION

9 1章 アヴィア戦闘機のエース
ACES IN AVIAS

21 2章 東部戦線
EASTERN FRONT

38 3章 スロヴァキアの空で
IN SLOVAKIAN SKIES

62 4章 上位3名のスロヴァキア・エース
TOP THREE SLOVAKIAN ACES

66 5章 目標・ソフィア
TARGET SOFIA

39 カラー塗装図
colour plates

91 カラー塗装図 解説

85 付録
appendices
階級対照表
スロヴァキア人エース
スロヴァキア・エースの戦果
ブルガリア戦闘機の戦術マーキング
ブルガリア戦闘機パイロットの上位撃墜者

はじめに
INTRODUCTION

　セルビア人とクロアチア人の関係と同様に、チェコ人とスロヴァキア人も、使う言語は同じながら、政治、経済、文化的に、また気質的に、異なった歴史を持っている。1918年10月にチェコスロヴァキア共和国が創立される以前、彼らは別々の国であり、ハプスブルク帝国［オーストリア・ハンガリー二重帝国］のうちで、チェコはオーストリアに属し、スロヴァキアはハンガリーに属していた。チェコ人は17世紀まで独立の王国を保ち続け、ヨーロッパで重要な役割を演じたが、スロヴァキア人は長くハンガリーの支配下にあった。

　このことから、スロヴァキアの独立を消滅させようとする意図的な企ても生まれ、もしもチェコスロヴァキアが存在しなかったら、スロヴァキアは国家として消滅する危険があった。ボヘミア、モラヴィア、それにシュレージエンからなる、以前のボヘミア王国地方が、ハプスブルク帝国のなかでも最も開発が進み、工業化された地域であった一方、スロヴァキアはほとんどが遅れた農業経済圏だった。チェコ人がより進歩的で、宗教問題でもわりあい冷静だったのに比べ、スロヴァキア人は保守的で、カトリックの伝統を固く守り続けていた。

　両大戦のあいだの期間、チェコスロヴァキアはボヘミア、モラヴィア、シュレージエン、スロヴァキア、それにルテニアから構成されていた。かなり工業化された、自由で民主的な国家であり、外交面では、チェコスロヴァキア独立の主要な保証国であるフランスと提携していた。

　チェコスロヴァキアも他の中欧および東欧諸国と同じく、多くの民族からなっていた。1921年の人口は1360万人、そのうち680万人（51パーセント）がチェコ人、190万人（14.5パーセント）がスロヴァキア人だった。公式にはこの両民族がチェコスロヴァキア人で、人口の三分の二を占めていた。

　残り三分の一の内訳は、ドイツ人が310万人（23.4パーセント）、ハンガリー人が74万5000人（5.4パーセント）、ルテニア人が46万1000人（3.3パーセント）、ユダヤ人が18万人（1.3パーセント）、そしてポーランド人が7万5000人（0.5パーセント）だった。自由を尊ぶチェコスロヴァキアでは、彼ら少数派民族も権利を保障されていたが、多くのドイツ人、ハンガリー人、そしてポーランド人たちは新国家に馴染もうとはせず、それぞれドイツ、ハンガリー、ポーランドへの併合を扇動した。彼らの上に立つチェコ人とスロヴァキア人たちもまた、統合されているというには程遠い状態だった。

　1938年9月のミュンヘン協定成立に至る危機のなかで、チェコスロヴァキアが解体されるにあたり、決定的な役割を演じたのは、これら少数派民族だった。このとき、フランスとイギリスはヨーロッパに平和を保ち続けようと望んでいたが、この状況から利益を得たのは近隣3国の独裁的政権だけだった。

結果として、フランスとイギリスは中部ヨーロッパにおける貿易相手であり、かつ強力な盟邦を失った。

ヨーロッパの4強国からの圧力のもと、チェコスロヴァキアは広大な国境地帯（ズデーテンラントという不適切な名称で呼ばれ、280万のドイツ人と72万7000のチェコ人が住んでいた）を、隣接するナチ・ドイツに割譲させられた。ポーランドは論争の的となっていた小地域を、モラヴィアの北（テシーン＝現・チェシン）と、スロヴァキアの北（オラヴァとスピシュ）で獲得したが、ここには6万6000人のポーランド人と12万人のチェコ人、1万6000人のドイツ人が住んでいた。ハンガリーは1938年11月、いわゆる「上部地方」（Felvidek）と呼ばれる長大な地域と、南部スロヴァキアとルテニアの広い地域を分け前として要求した。ハンガリー軍の占領とともに、97万2000人の住民——うちハンガリー人52万4000、スロヴァキア人30万、ルテニア人4万、ユダヤ人5万、ドイツ人1万——が去っていった。

チェコスロヴァキアは領土の30パーセント、全人口の34パーセントを失った上、工業および農業基盤の大部分をも奪われた。国防上の拠点については言わずもがなで、今やこの傷ついた弱々しい国家は、攻撃的な隣人たちの前に裸同然でさらされていた。

ドラマの終幕は1939年3月に始まった。まず、ヒットラーがスロヴァキア人の分離主義者たちを支持して、チェコ人から離れるよう最後通牒を与えた。3月14日、それまでは田舎だったブラティスラヴァで、スロヴァキア国家の独立が宣言された。いまやスロヴァキアはナチ・ドイツの紛れもない召使と化した。無慈悲な外交的また軍事的圧力の行使ののち、翌日、ドイツは残りのチェコ地域を占領した。

古い歴史をもつ誇り高いプラハの町に「カギ十字」の旗がひるがえり、翌日、ボヘミア・モラヴィアが第3帝国の保護国として独立を宣言した。チェコスロヴァキアは消滅し、ヨーロッパの政治地図から数年のあいだ、姿を消すこととなった。

2つの民族はあちこちに漂流した。その後の6年間、戦前のチェコにひとつだけあった飛行学校の卒業生たちは、異なる5カ国の軍服を身にまとうことになった。彼らがあげた撃墜数の総計は525機にのぼり、ドイツ、イタリア、ハンガリーのマークをつけた飛行機ばかりでなく、ポーランド、ソ連、そしてアメリカ機まで含まれていた。チェコ人とスロヴァキア人のあいだに友好的感情はあまり残っていず、彼らは互いに戦いを交えた。

チェコスロヴァキア人——すなわち、チェコ人と、若干の「チェコスロヴァキア志向」のスロヴァキア人たち——は、ドイツと戦うためにポーランド、フランス、イギリス、そしてソ連へと亡命した。連合国軍側で戦った彼らは公認撃墜304機（ほかに不確実83機）をあげ、29名のエースが生まれた。なかでも最も有名なのはカレル・クッテルヴァッシャー、ヨゼフ・フランティシェク、それにアロイス・ヴァサトコである。

スロヴァキアの事情は違った。1939年3月、スロヴァキアはハンガリーとの国境紛争に際して、新たに宣言した独立を守ることを余儀なくされた。だがこの新しいファシスト国家には、すでに疑いの目が向けられていた。1939年3月23日、ウィーンで、ナチ・ドイツとのあいだに、いわゆる「保護条約」（ヴェーアマハト）が調印されたが、その批准を待たずにドイツ国防軍は西スロヴァキアのいわゆる「保護区域」に進駐し、ジリナとマラツキー＝ノヴィ・ドヴールの飛行

場群を含む、その地域のすべての軍事施設を占拠した。

「ドイツ空軍スロヴァキア使節団」(Deutsche Luftwaffenmission in der Slowakei)の「保護」のもとに創設されたスロヴァキア空軍(1940年5月3日以降、正式には「スロヴァキア航空隊」Slovenske vzdusne zbrane = SVZ)は、戦争全期を通じて戦った。1939年9月1日、スロヴァキアはナチの同盟国のうち唯一、ポーランドを攻撃したし、1941年6月22日にも、ソ連に攻め込んだ最初の従者だった。

1941年12月、スロヴァキアはアメリカとイギリスに宣戦した［スロヴァキアは1940年に日独伊三国同盟に、41年には防共協定にも加盟していた］。このため、スロヴァキアはアメリカ陸軍航空隊の爆撃目標リストに載せられることとなった。枢軸軍側に立って戦った小さなSVZの隊員たち──いわゆる「タトラ山脈の荒鷲」は、公認撃墜221機(ほかに不確実撃墜30機)の戦果を収め、17名のエースを生んだ。なかでも有名なのがヤーン・レズナク、イジドル・コヴァリク、それにヤーン・ゲルトホーフェルである。そして彼らは1944年夏には武器を逆にドイツに向け、国土の復興と、チェコとスロヴァキアを再統一したチェコスロヴァキア国家の再建のために全力を尽くしたのだった［8～10月の反ドイツ民族蜂起を指している］。

国家の創生
Birth of a Nation

ブルガリアはオスマン帝国との解放戦争［トルコに対して蜂起したブルガリア人を、1877年にロシアが助けてトルコを破った。露土戦争］ののち、トルコ皇帝のもとでキリスト教を奉ずる自治公国となった。1908年には完全独立を宣言し、1912～13年の第一次バルカン戦争──その残忍さにおいて、第一次世界大戦の前兆となった──では、ヨーロッパに残った領地の大部分をトルコから奪うため、ギリシャ、セルビア、モンテネグロと同盟を結んで戦った。

その結果、ブルガリアは黒海、マルマラ海、エーゲ海に国境を接する局地的強大国となったものの、戦勝の分け前に満足せず、つい先ほどまでの同盟国と戦いを始め、ルーマニアとトルコからの干渉も招いてしまった［1913年、第二次バルカン戦争］。戦後の条約で、ブルガリアはマケドニアを含む、先ごろ獲得したばかりの土地を取り返され、何とか威信を回復しようと「中欧同盟」［ドイツと、オーストリア・ハンガリー二重帝国の同盟］と結んで、第一次大戦に突入した。とどのつまりブルガリアは1918年9月、中欧同盟国中で真っ先に降伏したが、10万人が戦死し、14万4000人が負傷するという、全参戦国のなかでも人口割りでは最大の損害をこうむった。

その後の数年間、ブルガリアでは暗殺、革命、テロと、不安定な時代が続いた。イタリアでムッソリーニが権力を掌握すると、彼はバルカン諸国がイタリアの「勢力圏」内にあると声明した。ムッソリーニは友情と協力の姿勢を示し、国王ボリスⅢ世もムッソリーニを礼賛したが、ブルガリアはその再建空軍の機材調達にあたっては、まずポーランド、ついでドイツに打診した。ドイツは、解体したチェコ空軍の多くの装備品を驚くほどの安値でブルガリアに売り、同時にブルガリア軍将校たちを戦闘機パイロット、および教官として訓練するため受け入れた。

1941年3月、ブルガリアは日独伊三国同盟に加入、その2日後にドイツ

軍が進駐して黒海の港湾を占拠した。翌月、ヒットラーがユーゴスラヴィアとギリシャに侵入した際には、ブルガリアは消極的な役割しか果たさなかったが、イギリスとギリシャはブルガリアの都市に空爆を加えた。のちにブルガリア軍部隊はユーゴスラヴィアとギリシャ領マケドニア、それにギリシャ本国の一部を占領した。

　ブルガリアがイギリスとアメリカに宣戦を布告［ただし、ソ連に対しては中立］するのは1941年12月まで待たなくてはならなかったが、それまでもブルガリア機は東地中海でドイツ軍の作戦を支援し、二度だけだがイギリス潜水艦と接触したことを報告している。だがその戦闘機部隊は、アメリカ陸軍航空隊がルーマニアとその油田群を攻撃するため、ブルガリアの空域を飛び始めるまでは戦いに加わらなかった。1943年11月14日、アメリカ軍爆撃機は初めてソフィアに来襲し、ブルガリア戦闘機とアメリカ爆撃機との戦いは1944年まで続いた。

　1944年8月、赤軍が接近してくると、ブルガリア政府は陣営を鞍替えし、アメリカ、イギリスとの休戦を求めた。9月7日、ソ連軍はソフィアに入り、ブルガリアはドイツに宣戦した。共産主義者たちは一連の血なまぐさい粛清によって旧来の制度を一掃したが、空軍もその矛先を免れず、おおぜいの高級将校が処刑された。指揮官たちを失ったまま、ブルガリア軍はソビエト側に立って、マケドニアとトラキア地方を維持できるかもという希望を抱きつつ、かつての同盟国と戦ったが、夢は果たせなかった。ドイツと、その残った同盟軍との戦いで、およそ3万人のブルガリア兵が命を落とした。

　本書では、スロヴァキアとブルガリアの戦闘機パイロットたち、とりわけ、エースとなるまでに成功した人々の物語を取り上げている。生き残った参戦者たちとの面談と、広範囲にわたる調査に助けられ、著者たちは彼らを初めて西側世界に紹介するものである。

chapter 1 アヴィア戦闘機のエース
ACES IN AVIAS

　チェコスロヴァキアが分割されるまで、チェコスロヴァキア空軍の6個飛行連隊のひとつ——第3飛行連隊（Letecky pluk 3）——は、スロヴァキアを恒久基地としていた。1939年3月14日以降、この連隊は新生スロヴァキア空軍組織の基礎となった。当時、スロヴァキア地方に所在していた軍用機は230機を超えず、その88機が戦闘機で、うち66機は標準型のアヴィアB534複葉戦闘機であり、機関砲を装備したBk534型は、わずか15機に過ぎなかった。大部分は連隊の5つの戦闘飛行隊（Letka）に所属し、第37、38、39、45飛行隊はピエシュチャニに、第49飛行隊はスピシュスカ・ノヴァ・ヴェス

（第45も間もなくここに移転する）に基地を置いていた。残る7機は2機のアヴィアBa33、3機のB34を含む旧式の複葉戦闘機で、ピエシュチャニを基地とする訓練兼予備飛行隊で使われていた。

だが、機材の不足よりさらに深刻な問題は、チェコ人パイロットと整備の専門技術者たちが保護領へ去ってしまったことによる、ひどい人手不足だった。約80名のスロヴァキア人パイロットと偵察員が残ったが、将校はわずか6名──少佐が1名、参謀大尉が2名、大尉が3名──しか居なかった。

しかもこの新国家は誕生早々、ハンガリーからの攻撃に直面しなくてはならなかった。チェコスロヴァキア共和国が1939年3月に分裂したのち、国土の最東方に位置する、経済的に遅れたルテニア──カルパチア下部ウクライナとも呼ばれ、1919年9月に国際連盟によりチェコスロヴァキア領とされた──は、独立を宣言した。だがハンガリーはこの状況に付け込むことに決め、3月17日までにルテニアを占領した。占領が完了すると、ハンガリー軍は23日にスロヴァキアの東部国境を越え、さらに深くスロヴァキア領に攻めこんだ。スロヴァキアは応戦し、その空軍は国境紛争に参加しはじめた。

チェコ人要員の流出で、ほとんど勢力半減したスロヴァキア空軍は、ウィーン裁定により、コシツェとウジゴロドの飛行場を失わなくてはならなかった。紛争の地である東部スロヴァキアでは、スピシュスカ・ノヴァ・ヴェスが主要な基地となった。1939年3月にここに駐屯していたのは、20機のアヴィアB534で装備した2個戦闘飛行隊（第45、49）と、15機のレトフS328、5機のアエロAp32を装備した2個偵察飛行隊（第12、13）だった。しかしこれらの部隊も、ピエシュチャニとジリナ飛行場のために、さらに飛行士を引き抜かれ、依然として定数を満たしていなかった。

3月22日にはスロヴァキア操縦士により最初の偵察飛行が実施されたが、翌日からは実戦が始まり、ハンガリー軍の対空砲火によって2機のB534が撃墜され、4機が損傷、S328も1機が損傷した。新国家防衛のために戦死

1939年から1942年まで、スロヴァキア航空隊（Slovenske vzdusne zbrane＝SVZ）の標準型戦闘機は戦前設計のアヴィアB534複葉機だった。写真はハンガリーとの紛争の直前の1939年3月、スピシュスカ・ノヴァ・ヴェス飛行場における第45飛行隊（letka 45）所属のB534（IV型）。当時、スロヴァキアの飛行機は依然、チェコスロヴァキアのマークを描いていた。

生まれたばかりのスロヴァキア空軍は、ハンガリーとの紛争で戦火の洗礼を浴び、大きな損害をこうむった。このB534は対空砲火に撃たれ、ハンガリー軍占領地内に不時着して、パイロットのヨゼフ・ザハル兵長は捕虜となった。ザハルはのちに送還されたが、飛行機は留め置かれ、修理ののち、この写真のようにハンガリーの塗装と国籍マークに塗り替えられて、ハンガリー王国空軍でテストされた。胴体のシリアルはG.1+92。その後はジェールの航空大学に送られ、民間登録記号HA-VABをつけて飛んだ。最後は1945年、ジェール飛行場で破壊された。

した最初のスロヴァキア人操縦士は、ヤーン・スヴェトリク少尉(第45飛行隊長)とシュテファン・デヴァン伍長だった。操縦士1名が負傷した。

翌日、スロヴァキアとハンガリーの戦闘機同士のあいだに初めて空戦が発生し、ルテニアのウジゴロドから飛来したハンガリー軍1/1「イーヤース」(弓手)戦闘飛行隊のフィアットCR.32戦闘機の完勝に終わった。

0740時、爆弾を一杯に積んだ第49飛行隊の3機のB534は、スタクツィンの北で同数のCR.32と遭遇した。編隊長ヤーン・プルハチェク少尉はアラダール・ネグロ中尉に撃たれて重傷を負い、ルハヴツェ湾の谷間に不時着を試みたが、その際に翼下の爆弾が炸裂して死んだ。ハンガリー軍の2機目のパイロット、シャーンドル・ソヤク軍曹の弾丸はツィリル・マルティシュ伍長のB534のエンジンと滑油タンクを貫通し、マルティシュは爆弾を捨てて低湿地に滑り込んだものの、機は裏返しに引っくり返った。アルパード・ケルテス軍曹は、ミヒャル・カラス兵長の搭乗する3機目のB534をヴィシュネ・レメティ付近に撃墜したと報告したが、実際にはカラスは無傷の飛行機とともに基地にたどり着いた。ハンガリー側には損害はなかった。

1000時、第45飛行隊の3機のB534はティバヴァ・ア・ソブランツェ付近の戦車群を爆撃するため離陸した。ハンガリー軍砲火に2機が落とされ、パレニチェクはスロヴァキア軍占領地内に不時着に成功したものの、ヨゼフ・ザハル兵長はほとんど無傷のB534ともども捕虜になってしまった。

3月24日の午後、それまでで最大の空戦が、ソブランツェとパヴロヴィツェ・ナ・ウホム上空で起こった。第12飛行隊のS328の3機小隊が1345時、スピシュスカ・ノヴァ・ヴェスを飛び立ち、ウジゴロドからミハロフツェへと帰還途中のハンガリー軍の爆撃に向かった。彼らの護衛のために第45飛行隊のヨゼフ・ヘルゴット上級曹長、フランティシェク・ハノヴェツ軍曹、マルティン・ダニヘル伍長の搭乗するB534が3機、15分ずつ間隔をおいて離陸

したが、ひとりも戻ってこなかったのだ。

　対空砲火が猛烈で、スロヴァキア隊は雲の上を飛ぶことを余儀なくされたが、急降下に移ったとたん、ハンガリー1/1「イーヤース」飛行隊のCR.32戦闘機9機に攻撃された。ラースロー・パルコ中尉に襲われたレトフ1機はたちまち炎上し、ニジネ・レメティ付近の森に墜落した。パイロットのグスタヴ・パジツキー兵長は機上戦死をとげ、偵察士のフェルディナント・スヴェント少尉はパラシュートで脱出したものの、体に18発もの銃弾を浴びて蜂の巣になった。スヴェントは降下中にハンガリー兵に撃たれたという説と、着地したのちに撃たれたという説とがある。ヨゼフ・ドルリツカ兵長の操縦するもう1機のレトフは、マーチャーシュ・ピリティ少尉にエンジンを撃たれたらしく、ストラジスケ村の近くに不時着した。

　護衛のアヴィア戦闘機もすべて、次々に戦闘不能となった。ヘルゴットはひどく損傷を受け発火した乗機を、バノフツェ・ナド・オンダヴォの南東に不時着させた。ダニヘルは燃料タンクを撃ち抜かれ、ブレゾヴィツェ・ナド・トリソ付近の野原に降りた。護衛隊3番目のメンバー、ハノヴェツはミハロフツェのセンネ付近に不時着した。基地に戻って来たのは、ヤーン・マツォ兵長の操縦するS328だけだった。

　スロヴァキア側の実際の損失はレトフ2機とアヴィア3機だったが、ハンガリー側はレトフ全機（パルコとピリティにより）とアヴィア5機（アラダール・ネグロ、アンタル・ベカッシー、ベーラ・チェムケ各中尉──チェムケは編隊長──と、シャーンドル・ソヤク、アルパード・ケルテス各軍曹により）の撃墜を主張した。ハンガリー側に損失はなかった。一方でスロヴァキア側の新聞は、ダニヘルと、やがて公認5機、不確実撃墜1機のエースとなるハノヴェツが、それぞれCR.32を1機ずつ落としたと報じた。

　「私は敵数機に襲われた」と、ハノヴェツはのちに回想している。「大がかり

ハンガリーとの紛争から1周年の1940年3月5日、スピシュスカ・ノヴァ・ヴェスで撮影された写真。この出来事を記念するため、パイロットたち（左からヨゼフ・ドルリツカ兵長、マルティン・ジアラン兵長、マルティン・ダニヘル伍長、フランティシェク・ハノヴェツ上級軍曹）がスロヴァキア空軍総司令官、アントン・プラニヒ大将から勲章を授与されている。ジアランとハノヴェツは1939年9月6日、ポーランド軍のルブリンR-XIIIを1機、協同撃墜し、これがポーランド攻略戦におけるスロヴァキア戦闘機隊の唯一のスコアとなった。
（via S Androvic）

ポーランド攻略戦のさなかの1939年9月、出撃の合間に翼を休める第37飛行隊(第13飛行隊の前身)のB534。スロヴァキア国籍マークは1939年9月10日から1940年10月15日まで使用された二度目のタイプで、それにドイツのバルケンクロイツが加わっている。1939年6月23日から使われた最初の国籍マークには白の外縁がなかった。

フランティシェク・ハノヴェツ曹長はスロヴァキアのすべての戦いに参加したベテランだった。1939年にはハンガリーとポーランド、1941年から43年にかけてはロシア、1944年にはアメリカ、そして蜂起の最中にはドイツを、それぞれ相手に戦った。公認スコアは6機で、うちソ連機が5機(エアラコブラ、ボストン、Yak-1、Iℓ-2、La-5)、ポーランド機が1機。ハンガリーのフィアットCR.32とドイツのJu88も各1機の撃墜を報告したが、公認されなかった。1939年9月6日、ポーランド軍ルブリンR-XIII偵察機をナルサニ村付近に撃墜した、スロヴァキア戦闘機隊初戦果の際も、彼は協同撃墜者に名を連ねている。

な空戦になり、私は上昇して雲の中に入った。雲から出て見ると、敵機は私が彼らの目を逃れたあたりを旋回していた。私が射撃を始めると、連中は私に飛びかかってきた。1機は私の機の鼻面に向かってきたので、空中衝突を心配しながら、私は射撃した。40mほどに近づいたとき、敵機から黒煙が噴き出した。私が方向を変えると、敵は私の頭上5mほどのところを飛び去ったが、そのとき相手は燃えていた。だが私は衝突を避けるのに精一杯で、我々はただすれ違い、私は上昇し、敵は下降していった。そのあと、敵戦闘機と対空砲火に撃たれ、エンジンがひどくやられて停止してしまったので、やむなく不時着した」

　実際には、ハノヴェツにもダニヘルにもフィアットの撃墜は公認されなかったし、ハンガリー側も空戦で味方を失ったとはいわなかった。ただし、彼らはアルパード・ケルテス軍曹のCR.32の喪失を認めている。ハンガリー側情報筋は、ケルテス機は戦闘に加わったものの、友軍の対空砲火に撃たれ、パイロットはパラシュート降下したと主張した。スロヴァキア戦闘機乗りたちは、最初の公認撃墜戦果をあげるまでに、ほとんど6カ月も待たなくてはならぬことになる。

　その日遅く、スロヴァキア領土は初めての爆撃を受けた。スピシュスカ・ノヴァ・ヴェス飛行場が、ハンガリー軍3/4「シャールカーニ」(竜)と3/5「親指マーティー」両爆撃飛行隊のJu86K-2爆撃機10機に攻撃されたのだ。兵士と民間人12名が死亡、17名が負傷し、飛行機6機が破損したが、飛行場の機能は停止しなかった。スロヴァキア側では第39飛行隊のフランティシェク・ツィプリヒ軍曹がただひとり、B534で離陸に成功したが、帰ってゆく爆撃機を捕捉できなかった。やがて公認撃墜14機、不確実撃破1機のエースに成長するツィプリヒは結局5年ののち、スロヴァキアでの民族蜂起の際に、もう一度ハンガリー機を撃墜するチャンスを得、今度はその機会を存分に生かすことになる。

　1939年3月26日、休戦が調印され、2日後、兵士に代わって外交官が登場して、戦闘は終わった。そして2年後には、スロヴァキア人もハンガリー人も、手をたずさえてソ連を攻撃することになる──。

ポーランドでの出来事
The Polish Episode

1939年9月1日、ヒットラーのドイツ国防軍は空軍の支援のもとにポーラ

ンドへなだれ込んだ。スロヴァキア軍もこれを後援していた。すでにスロヴァキア政府は自領内からドイツ軍が攻撃に出ることを認めていたが、スロヴァキア軍地上部隊自体はポーランド領内に深く攻め入ることはしなかった。彼らは1920年、1924年にポーランドに併合されたオラヴァとスピシュ、そして1938年にミュンヘン協定の結果として併合されたヤヴォリナを奪い返したにとどまった。

　空軍は地上部隊の前進に先立つ戦術偵察のため、スピシュスカ・ノヴァ・ヴェスの第12飛行隊とズヴォレンの第15飛行隊から、それぞれ10機のレトフS328が参加した。スピシュスカ・ノヴァ・ヴェスの第45、第49飛行隊は20機のB534でレトフを護衛する任務を与えられた。また彼らはリヴォフとドロゴビチ付近のポーランド鉄道要地を攻撃に向かう、ドイツ第2急降下爆撃航空団第Ⅲ飛行隊「インメルマン」のJu87B「シュトゥーカ」の護衛任務も何度か実施した。9月9日、スロヴァキア軍はB534を2機失った。ヴィリアム・ヤロヴィアル伍長機は墜落し、パイロットは死亡した。もう1機、ヴィリアム・グルン軍曹機はポーランドの対空砲火に撃墜され、パイロットは捕虜となったが、のちに脱走に成功した。

　ポーランドでの戦いを通じて、スロヴァキア戦闘機はたった1機だけだがポーランド機を撃墜し、彼らにとっての公認撃墜第1号となった。9月6日のことだった。ポーランド軍偵察機1機を迎撃すべく、サビノフ西のナルサニ

トレンチアンスケ・ビスクピツェ飛行場で撮影された、スロヴァキア航空隊飛行学校のB534。ここに描かれている国籍マークは、1940年10月15日から1944年の民族蜂起まで使用された。

機関砲装備のBk534・第519号（M-8）。1941年夏、東部戦線で。頻繁に基地を移動しながら戦闘を続けていたこのころ、本機にはたびたびヤーン・レズナク軍曹が搭乗した。K、L、Mの文字はそれぞれ第11、12、13飛行隊に使用された。
（J Reznak）

左頁上●戦前も戦中も、スロヴァキアには航空機産業は事実上存在せず、損傷した飛行機の修理や、戦闘で失った機体の補充は困難だった。だが、1940年1月22日にピエシュチャニで写真のB534「158号」が起こした事故によるような小さな損傷は、前線で修理できた。この機体は第37飛行隊の所属で、写真撮影から9日後、同飛行隊を母体として第13飛行隊が編成された。

スロヴァキア航空隊は機材不足に苦しんだが、人手不足はより深刻だった。新しいパイロットを訓練する飛行学校はピエシュチャニ（1940年4月から）、トレンチアンスケ・ビスクピツェ（1940年10月から）、そして最後はトリ・ドゥビ（1943年8月から）に置かれた。写真は1941年、トレンチアンスケ・ビスクピツェでB534戦闘練習機の前に並んだ未来の戦闘機パイロット9名。左から、ルドルフ・ボジク、エルネスト・トレバティツキー、ヤーン・コヴァル、シュテファン・オツヴィルク、ヤーン・カリスキー、パヴォル・カルマンチョク、ロベルト・ミトシンカ、カロル・ゲレトコ、フランティシェク・ボスマンスキー。やがてボジクとオツヴィルクはそれぞれ12機と5機を撃墜し、エースとなった。
（via K Geletko）

前進飛行場から第45飛行隊のB534が3機、フランティシェク・ハノヴェツ上級軍曹（6カ月前のCR.32撃墜が公認されなかったパイロット）に率いられて緊急発進した。マルティン・ジアランとヴィリアム・ヤロヴィアル両伍長が僚機として従った。離陸して間もなく、彼らはジェーシュフ近くのムロウリを基地として行動しているポーランド第56飛行隊（Eskadra）のルブリンR-XIII複座偵察機を発見した。偵察機の任務はボフニア、ノヴィ・ゾチ、スピシュスカ・ノヴァ・ヴェス、プレショフ、それにバルジェヨフの戦術偵察だった。

この旧式機はアヴィア3機にとっては容易な獲物で、たちまちに炎上してナルサニの近く、オストロヴァニーに墜落し、パイロットのエドヴァルト・ピ

第13飛行隊が東部戦線に出発する直前の1941年6月、ピエシュチャニでB534のコクピットにおさまるヤーン・レズナク軍曹。このころはまだ無名の若い戦闘機パイロットだが、やがて32機のスコアをあげ、スロヴァキア最高のエースとなる。(J Reznak)

アセツキ伍長、偵察士のエドヴァルト・ポラダ中尉はともに死んだ。戦果はアヴィア操縦者3名に均等に分配された。これはまたハノヴェツの最初の公認戦果であり、彼は東部戦線のドイツ第52戦闘航空団第13（スロヴァキア）中隊に加わって、さらに5機をスコアに加えることになる。

■ 東部戦線で
On the Eastern Front

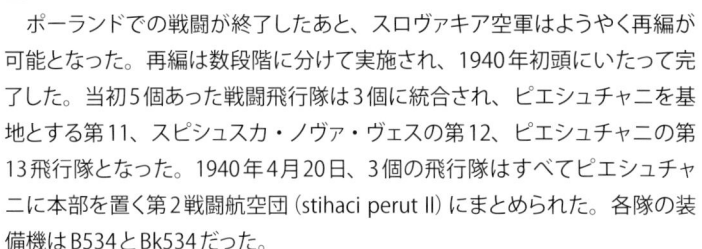

1941年7月、ウクライナのヤルモリンシ付近を哨戒中、コクピットを開けて僚機に接近してきたヤーン・レズナク。(J Reznak)

　ポーランドでの戦闘が終了したあと、スロヴァキア空軍はようやく再編が可能となった。再編は数段階に分けて実施され、1940年初頭にいたって完了した。当初5個あった戦闘飛行隊は3個に統合され、ピエシュチャニを基地とする第11、スピシュスカ・ノヴァ・ヴェスの第12、ピエシュチャニの第13飛行隊となった。1940年4月20日、3個の飛行隊はすべてピエシュチャニに本部を置く第2戦闘航空団（stihaci perut II）にまとめられた。各隊の装備機はB534とBk534だった。

　大戦を通じて、スロヴァキア戦闘機部隊の主要な組織変更はもう一度だけ行われた。1943年6月1日、ピエシュチャニで第3戦闘航空団（stihaci perut III）が創設されたのだ。これは第13飛行隊と、新編成の第14飛行隊から成っていた。そのころ第13飛行隊は東部戦線でBf109Gを装備して活動中、一方、第14はドイツで購入した旧型のBf109Eで飛んでいたが、まだ活動態勢に入ってはいなかった。第2戦闘航空団には第11と第12飛行隊だけが残ったが、装備機はどちらも時代遅れのB534だった。第11はJu87D-5「シュトゥーカ」急降下爆撃機に機種改変する話があったが、実現しなかった。このときまでに、スロヴァキア人たちは東部戦線でもう2年間戦っていた。

　スロヴァキア軍地上部隊は陸軍兵団（Armadny sbor）と快速部隊（Rychla skupina、やがて「快速旅団」Rychla brigadaと改称）から成り、確保師団が後衛に回った。快速師団［原文のママ］はスロヴァキア軍でも最も近代化さ

ソ連軍が退却の際に放棄していたSB-2bisとSB-3爆撃機の残骸に並んで駐機する第12飛行隊のB534。1941年夏、ウクライナで。この飛行隊は1941年9月7日と8日、I-16戦闘機計3機を撃墜し、1941年の戦いで空中戦果をあげた唯一のスロヴァキア航空部隊となった。(via A Droppa)

れた、機動力に富んだ部隊で、リヴォフ、キエフ、ロストフを通ってカフカスへ前進した。

　空からは、アントン・プラニヒ大将指揮のもと、エミル・ノヴォトニー中佐が参謀長を務めるスロヴァキア航空部隊が支援した。先陣は第1観測航空団（指揮官コルネル・ヤンチェク少佐）で、第1、第2、第3飛行隊が計30機のS328を擁していた。第2戦闘航空団はヴラディミール・カツカ大尉の指揮下、第11、12、13飛行隊が33機のB534を擁し、連絡部隊も付随していた。

　対ソ宣戦から間もなく、これらの部隊は平時の基地から東部スロヴァキアの飛行場に移動し、1941年7月7日に西部ウクライナへ前進を始めた。だがこれでスロヴァキアの防空力はほとんど皆無となったため、第11飛行隊はすぐにピエシュチャニに引き返した。

1941年夏、護衛任務の遂行中、平坦で無味乾燥なウクライナの大草原の上を3機小隊で飛ぶスロヴァキア軍のB534。

対ロシア戦中の1941年7月25日、第13飛行隊のシュテファン・マルティシュ軍曹はひとりのお客――支柱に掴まって翼の上に立っているフランティシェク・ブレジナ軍曹――を乗せて基地に帰ってきた。ソ連軍地域内に撃墜されたブレジナを捕虜とさせないよう、マルティシュが着陸して救ったのだ。左と下の写真はどちらもその翌月、スロヴァキアのピエシュチャニで、この劇的な出来事を映画に撮るため再現した際のもの。マルティシュ機を演じているのは、胴体の文字Kが示すように第11飛行隊のB534で、ブレジナ役はマネキン人形が務めている。ブレジナもマルティシュも、のちに第52戦闘航空団第13（スロヴァキア）中隊でエースとなった。

　東部戦線への最初の展開中、スロヴァキア飛行隊はガリツィア［ポーランド南東部・東部からウクライナ西部にかけての地域をさす歴史的名称］とウクライナの飛行場からまた次の飛行場へと、矢継ぎ早に移動を繰り返した。ソ連空軍は開戦早々に奇襲を受けて、その飛行機の大半を地上で破壊されていたため、いわゆる「スターリン線」上空での彼らの抵抗は微弱なものだった。むしろもっと危険な敵は対空砲火で、数機がその犠牲となった。

　実際、スロヴァキア航空隊の短命な歴史のなかで、勇敢さの典型ともいえる最初の偉業を成就させたのは、この対空砲火だった。1941年7月25日の朝、ヘンシェルHs126偵察機1機を護衛していた第13飛行隊のB534の3機編隊は、猛烈な対空砲火に包まれた。フランティシェク・ブレジナ軍曹（のちに14機撃墜のエースとなる）の乗機はひどく損傷し、パイロットはソ連軍領内に深く入ったトロイスチャンツィ村付近に緊急着陸した。

　ソ連兵たちがブレジナ機に雨あられと銃弾を集中する中、僚友パイロットのシュテファン・マルティシュ軍曹（のちに4機撃墜）は赤軍兵たちに数回の機銃掃射を浴びせたのち、戦友を救おうと着陸した。ブレジナが僚友機の左下翼に飛び乗り、翼間支柱にしがみつくと、マルティシュは直ちに乗機のスロットルを開いた。ソ連兵の銃弾がマルティシュの脚に当たって軽傷を与えたが、彼はどうにか飛び立つことに成功した。だが離陸してすぐ、ブレジナの足が翼から滑り落ち、彼は腕の力だけで支柱にぶら下がった。いまにも落ちそうな不安定な状態ながら、マルティシュも全速力で飛ばなくてはならず、ブレジナは弱ってゆく腕力を振り絞って、飛行機が速度を落としてくれるまで耐え、再び翼の上まで這い上がることができた。結局、タンクを撃ちぬかれたB534「181号」は無事、トゥルチン飛行場に戻って着陸した。

1941年7月25日、撃墜されたフランティシェク・ブレジナを救出した英雄的行動に対し、シュテファン・マルティシュはスロヴァキア英雄銀勲章とドイツ2級鉄十字章を授けられた。のちに彼は第52戦闘航空団第13（スロヴァキア）中隊でソ連機5機（Iℓ-2を3機、Yak-1を2機）の撃墜を報告したが、1944年7月には病気のため現役を退いた。1949年から1953年までは商業パイロットとして飛び、その後は自動車の再塗装工やパワーシャベルの運転者をした。（via M Fekets）

フランティシェク・ブレジナは東部戦線および反ドイツ蜂起で戦ったベテランだった。14機のスコアをあげ、戦後はチェコスロヴァキア空軍で教官を務めた。1949年7月1日、操縦していたジーベルSi204がチャスラフの近くに墜落して重傷を負い、その後、地上勤務となった。1952年、中尉で退役。

同じことが5日後、第12飛行隊がウマン=ノヴォアルハンゲリスク間の道路上の目標を攻撃した際にも再び起こった。マルティン・ダニヘル軍曹（ハンガリー機とも戦ったベテラン）の操縦するB534「242号」は、両軍にはさまれたババンカ村付近の無人地帯に不時着した。彼はヨゼフ・ドルリツカ軍曹機に救い上げられ、ガジシンの自軍基地に無事に帰り着いた。

スロヴァキアとソ連の戦闘機同士の衝突は7月29日に初めて発生したが、双方とも損失はなかった。だがその後数週間、キエフに接近するにつれて戦闘は頻繁となり、第12飛行隊は3機のポリカルポフI-16を撃墜した。9月7日、1850時、9機のI-16を迎撃すべく、グビン飛行場から10機のB534が緊急離陸した。ヨゼフ・ドルリツカ軍曹はキエフ北方70kmのゴルノスタジポリ付近に1機を撃墜、ソ連パイロットはパラシュート脱出をしなかった。ドイツ軍高射砲部隊の報告によると、この戦闘でもう1機のI-16が撃墜されたが、スロヴァキア軍の戦果報告にはこれが含まれていない。ドルリツカ編隊の他のふたり、フランティシェク・ハノヴェツ上級軍曹か、マルティン・ダニヘル軍曹によるものだったとも考えられる。

翌日、ドニエプル橋の上空を哨戒していた3機のB534は2機のI-16と遭遇し、イヴァン・コツカ軍曹がその1機をオスチェルクビの東、ボルキの森に撃ち落した。これはスロヴァキア空中戦士が1941年中にあげたソ連機撃墜戦果の3機目で、かつ最後のものとなった。そのあとも何度か彼らは敵機と空戦を交えはしたものの、スコアを増やすことはできなかった。

1941年夏、B534のかたわらで待機中に日差しを楽しむ第13飛行隊員。戦闘機の下翼に点々と黒く見える部分は新しく破孔を修理した箇所。

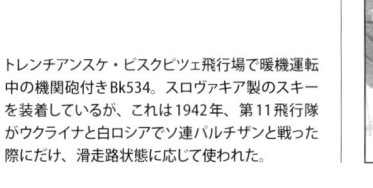

トレンチアンスケ・ビスクピツェ飛行場で暖機運転中の機関砲付きBk534。スロヴァキア製のスキーを装着しているが、これは1942年、第11飛行隊がウクライナと白ロシアでソ連パルチザンと戦った際にだけ、滑走路状態に応じて使われた。

戦闘可能な機体の数が減り、その状態も悪化し、交換部品や燃料も少なくなってきたため、スロヴァキア空軍は次第に本国へ引き揚げを始めた。8月15日には第13飛行隊がピエシュチャニに帰還、10月29日には第12飛行隊がこれに続き、どちらの部隊も本国でほとんど平時の任務に復帰した──ただし、長いことではなかったが。翌年夏には、スロヴァキア軍部隊は戦闘がいっそう本格化した東部戦線に戻っていた。

　1942年6月22日、第1観測飛行隊は6機のS328とともにスロヴァキアをあとにし、8日後には第11飛行隊の12機のB534が続いた。だが装備機が時代遅れなため、これらの部隊は前線後方のジトミル、オヴルチ、ミンスク地域での対パルチザン戦闘用に格下げされた。偵察や地上攻撃、爆撃などの任務を遂行したのち、1943年10月25日、第11飛行隊は再び本土に戻ったが、今回の目的は機種の改変にあった。

chapter 2
東部戦線
EASTERN FRONT

　1942年2月26日、ヴラディミール・カツカ少佐を指揮官とするスロヴァキア飛行士105名は母国をあとにし、長い列車の旅に出た。戦闘機パイロット19名を含む、この一団の目的地は、ドイツ占領下にあるデンマークのカルプ＝グルーヴ飛行場だった。そこではドイツ人教官が、「ドロントハイム戦闘飛行隊第5（スロヴァキア）教導中隊」と名づけられた部隊で、彼らにメッサーシュミットBf109E戦闘機の飛ばしかた、整備のしかたを教えることになっていた。

　訓練のうち、座学は3月3日から、飛行教習は同27日から始まった。スロヴァキア人パイロットたちは基本訓練をアラドAr96B練習機で受け、ついでBf109BとDに移り、最後に「E型（エーミール）」を与えられた。生徒はみな経験を積んだパイロットだったから、訓練はわりあいスムーズに進んだ。6月15日から18日にかけての地上目標への射撃で、訓練は最高潮に達し、7月1日をもって公式に終了した。

　スロヴァキア戦闘機パイロットにBf109を飛行させる訓練は比較的円滑に進んだものの、新機材を入手するほうは同じ具合には行かなかった。約束された12機のBf109E-7の代わりに、結局はE-2が2機、E-3が1機、E-4が5機、E-7が4機、7月1日から9月5日までかけて、スロヴァキア人パイロットにより本国に空輸された。これらはフランスで、イギリス上空で、また北アフリカで戦った、相当くたびれた代物で、なかには何度か墜落して修理された機体も含まれていた。そのころドイツ空軍の第一線では「エーミール」はもっと改良されたBf109Fに交代していたのだ。とはいえ今のところ、これ

らがスロヴァキア空軍の入手できる最新の機材ではあった。

　デンマークで再教育された19名のパイロットのうち、14名はピエシュチャニの第13飛行隊に配属され、最初の前線チームと呼ばれるグループを結成し、間もなく東部戦線に進出することとなった。その顔ぶれは、オンドレイ・ドゥンバラ大尉（指揮官）、ヴラディミール・クリシュコ少尉（指揮官代理）、ヤーン・ゲルトホーフェル少尉、フランティシェク・ツィプリヒ上級軍曹、ヨゼフ・ドルリツカ上級軍曹、フランティシェク・ブレジナ、ヨゼフ・ヤンチョヴィチュ、シュテファン・マルティシュ、ヤーン・レズナク、ヤーン・セトヴァク、ヨゼフ・スタウデル、ヨゼフ・スヴェイディク、ヨゼフ・ヴィンツル、そしてパヴェル・ゼレナークの各軍曹だった。平均年齢はわずか25歳に過ぎなかった。

　実戦への準備として、ピエシュチャニでは特殊飛行訓練が、西部スロヴァキアのマラツキー＝ノヴィ・ドヴール射撃場では標的射撃が行われた。9月25日に行われた最後の射撃演習には、参謀総長アロイス・バライ中佐と、ドイツ空軍スロヴァキア使節団長ルートヴィヒ・カイパー少将が臨席した。2人の高官はともに満足の意を表明し、第13飛行隊はめでたく戦闘可能と宣告されて、ここに東部戦線への展開準備が整った。

　10月14日、地上勤務員（および、「エーミール」を持たない5名のパイロット）はピエシュチャニを発ち、クラスノダールの南東70km、カフカス山脈のふもとにある新基地マイコプに向かった。そこで彼らは10月27日から11月4日にかけて到着する飛行機の受け入れ準備をすることになっていた。前任者のクロアチア人たち──第52戦闘航空団第15（クロアチア）中隊──と同じく、スロヴァキア飛行隊もドイツ空軍部隊──この場合は第52戦闘航空団第II飛行隊──で戦術作戦任務につくことになり、ドイツ空軍の記録には第52戦闘航空団第13（スロヴァキア）中隊として現れる［第52戦闘航空団

スロヴァキア空軍に最初の近代的戦闘機として支給されたのは、ドイツ空軍が西ヨーロッパや北アフリカで使い古したBf109Eだった。1942年から43年にかけ、スロヴァキアは20機を超える使い古しの「エーミール」をドイツから受領した。
（via J Janecka）

のクロアチア中隊については本シリーズVol.44『クロアチア空軍のメッサーシュミットBf109エース』を参照されたい]。

　スロヴァキア戦闘機隊は11月9日に新基地から飛行を開始し、同月29日に初めてソ連空軍と対戦したことが記録されている。トゥアプセ近郊で0830時から0930時まで実施された索敵攻撃 (Freiejagd) で、ヴラディミール・クリシュコ少尉とヨゼフ・ヤンチョヴィチュ軍曹のペアは、数では9機と優勢なソ連空軍のポリカルポフI-153複葉戦闘機（ドイツ側記録では誤って「カーチス戦闘機」となっている）と交戦した。帰還後、スロヴァキア人パイロットたちはソ連機3機の撃墜を報告したが、これらはドイツ航空省の公認を得られなかった。その結果、スロヴァキア最初の公認撃墜を記録したのは、12月12日1347時にトゥアプセ上空でMiG-3戦闘機を1機仕留めたフランティシェク・ブレジナ軍曹となった。

　その後の数週間、第13飛行隊は主として索敵攻撃、ドイツ爆撃機や地上攻撃機、輸送機、偵察機の護衛、それに飛行場防空を任務とした。だが戦場進出当初から、部隊は飛行機の不足に悩まされ、11月の終わりには、戦闘可能なBf109Eの機数は、6週間前のスタート時の8機から、わずか3機にまで減っていた。

　ドイツ航空省とスロヴァキア国防省（Ministerstvo narodnej obrany = MNO）の合意により、第13飛行隊の使用機を

1942年、スロヴァキアに到着直後のBf109E-4 W.Nr.2028は、いまだにドイツ国籍マークと製造所のラジオ局式記号（D-I+W??）が描かれたままだ。この機体は他の2ダースの「エーミール」とともにヴィーナー・ノイシュタットから東に向けて空輸されたが、途中のアスペルンで1942年8月13日、オンドレイ・ドゥンバラ大尉（第13飛行隊長）が不時着して損傷を負った。写真はスロヴァキア空軍機の修理所トレンチアンスケ・ビスクピツェでの撮影。(via S Androvic)

スロヴァキアに到着して間もなく、訓練出動のためポヴァジ盆地上空を飛ぶスロヴァキア軍のBf109E。大部分の「エーミール」は東部戦線で第13飛行隊に使われたが、それ以外はこの機のように1944年まで訓練機を務めた。
(via J Janecka)

Bf109F-4に改変することが決定した。最初の機体は1942年12月18日に到着したが、新型機への慣熟訓練は部隊の実戦任務と並行して行わなくてはならず、第52戦闘航空団第13（スロヴァキア）中隊はしばらく、新旧両型をとりまぜて飛ばせていた。機体はドイツ製だったから、ドイツ空軍の標準迷彩塗装が施されていただけでなく、国籍マークもドイツのものだった。やがて、パイロットの国籍を示すため、赤・青・白のスロヴァキア国旗色がスピナーに塗られることになった。

部隊は1943年1月3日、マイコプからクバンのクラスノダール飛行場に移動し、それから戦果が増えはじめた。1月17日、やがてスロヴァキアの高位エースとなるヤーン・レズナク軍曹が最初のスコアをあげた。これは部隊の7機目の戦果であり、レズナクにとっては劇的な一日のクライマックスとなった。のちに彼は回想している。

「0620時、クリシュコ中尉（のち9機撃墜のエース）の僚機として、Bf109F-2（W.Nr.12004）でクラスノダールを離陸した。クバンのロシア軍陣地を高度2000mから撮影しようという、ドイツ軍のFw189偵察機を護衛するためだった。よく晴れて視界は良かった。ロシア軍対空砲火が炸裂する小さな煙の塊がいくつか現れたので、前線を越えたことを知った。そのとき、地平線上に小さな点々が動いているのが見えた。『注意！　前方にインディアン！』と私は

21頁の写真と同じ第13飛行隊のBf109Eのトリオが、東部戦線へ最初の前線チームとともに出発する前、編隊飛行訓練のため一点に集結する。（via J Janecka）

1942年10月、ピエシュチャニで、スロヴァキア空軍参謀総長アロイス・バライ中佐出席のもと、最初の前線チーム飛行隊員の賜暇式典が挙行された。並んで写っている5名のパイロットは左から、オンドレイ・ドゥンバラ大尉（第13飛行隊長）、ヤーン・ゲルトホーフェル少尉、フランティシェク・ツィプリヒ上級軍曹、ヨゼフ・ドルリツカ上級軍曹、ヨゼフ・スヴェイディク軍曹。最後の2人はのちにカフカス上空の戦闘で死亡する。

無線で呼びかけた。I-153戦闘機の4機編隊だ。すぐに1機が編隊から分かれて、Fw189のほうに直進してきた。クリシュコがこれを引き受け、私は残る3機に向かった。

「敵は1列になって飛んでいて、大きく旋回しながら私の後ろに付こうとした。先頭の機体が射撃位置に入ろうとしたとき、私は急角度で上昇して逃れ、逆に最後尾のロシア機を攻撃した。敵は私の意図に気づき、うまく逃れ去った。

「この敵が逃げたあと——当時、私は経験が乏しかったのだ——私は残る2機を追いかけ、急上昇して、後尾の機体の後ろに占位した。そのあとは早かった。すぐに敵を照準器にとらえ、短い連射を送ると、『チャイカ』の胴体に命中した。敵は急降下してゆき、スモレンスカヤ西方の雪に覆われた大地に激突、爆発して黒い煙の雲を噴き上げた。

「残った『チャイカ』3機は逃げはじめ、私は奴らを追いかけた。連中は私より低位置にいたので、すぐに追いついたが、そのとき別の敵6機が上空から私を襲ってきた。私は太陽の方向に離脱して逃れた。見ると、全部で9機のロシア機は一団となり、一点の上空を旋回している。これはチャンスだ。太陽を背にして、直ちに攻撃、二度目の航過で『チャイカ』1機が煙を曳きながら降下してゆく。だが私はわなに落ちたのだった。突然、ロシア機1機が信号弾を放つや、『チャイカ』は転々バラバラの方向に飛び去り、私の周り

オンドレイ・ドゥンバラ大尉（のち少佐、写真左）は長く第13飛行隊長を務め、1943年4月まで最初の前線チームを指揮した。その間のスコアは1943年1月18日にスモレンスカヤ付近で撃墜したI-16が1機だけだった。彼の話の相手は26機の公認スコアをあげ、スロヴァキア第三位のエースとなったヤーン・ゲルトホーフェル中尉。

Bf109E-4 W.Nr.3317「白の7」は1942年10月に東部戦線に到着し、第13飛行隊の最初の前線チームで使われた。写真は同機の前でポーズをとるシュテファン・マルティシュ軍曹（やがて5機撃墜のエースとなる）。本機は度重なる空戦と数回の不時着に耐えて、スロヴァキアに帰還したが、1944年4月12日、14機のスコアをもつエース、フランティシェク・ブレジナ曹長が搭乗し、ヴァイノリ付近に胴体着陸した。パイロットは無傷だったが、W.Nr.3317は廃機となった。

で対空砲弾が炸裂し始めた。ロシア人たちは対空砲陣地の上に私を誘いこもうとしたのだ。だが私はわなにかからず、うまく対空砲火を逃れて脱出することができた。

「帰還する途中、4機のペトリャコーフPe-2爆撃機がクラスノダールに向けて飛んでいるのを発見した。彼らも1列をなして飛んでいて、私は右から二番目の機体を目標に選び、後ろから攻撃した。きわめて接近したので、敵のプロペラ後流に入ってしまった。弾丸は恐らく命中しなかったらしく、敵は飛び続けた。やがて4機すべてのロシア人射手が気づき、私は彼らの集中銃火の的となった。もう一度攻撃をかけるべく、私は離脱したが、ロシア人たちは待ってくれなかった。彼らは大慌てで爆弾を下の野原にばらまき、猛スピードで遁走した。私は0724時、クラスノダールに着陸。5分後、Fw189がクリシュコに護衛されて帰還した」

レズナクの獲物第1号は、ソ連第975戦闘機連隊所属機だった可能性がある。記録によれば、フィラトフ大尉の操縦するI-153が、ノヴォドミトリエフスカヤ——レズナクが戦果を報告したスモレンスカヤから、わずか5km弱しか離れていない——付近への出撃から帰還しなかった。

数時間を経た1331時、レズナクはBf109E-4（W.Nr.2787）で再び出撃したが、今度はつきに見放されたらしい。任務は索敵攻撃で、ともに飛んだのはゲルトホーフェル、ツィプリヒ、それにブレジナだった。

「LaGG-3戦闘機が4機、クラスノダール上空約2000mを飛んでいるのを、私が最初に見つけ、『注意、前方にインディアン4機』と叫んだ。彼らは太陽のまぶしい光の中に隠れようとした。編隊の他機から少し遅れていた私を、ロシア人たちはらくな獲物と思ったらしい。おまけに、気づいてみれば機銃が故障していた。だが最初のLaGG-3はもう私に向かってきている。敵機の一方の脚は翼から少々はみ出していたが、ロシア人は明らかにそんなことは気にもせず、狂ったように撃ちかけてきた。後ろを振り向くと、さらに2機が

上●スロヴァキア軍の「エーミール」に描かれたドイツ国籍マークは次第に塗り隠されていった。このBf109E-4 W.Nr.2945は、胴体と主翼はスロヴァキア十字に変わったが、尾翼にはまだハーケンクロイツが残っている。写真では胴体に同じ数字がサイズを変えて二度書かれ、隊内識別番号にも何らかの実験が行われたことが読み取れる。

下●同じ機体の後日の写真で、十字の後ろの小さなほうの数字だけが残っているが、大きい数字とハーケンクロイツも、わずかに痕跡が見える。スピナーは黄色。撮影は第13飛行隊の最初の前線チームが東部戦線に進出する直前の1942年10月である。「白の2」には未来のエース、ヤーン・レズナク軍曹とパヴェル・ゼレナーク上級軍曹がときおり搭乗して、カフカスの空を飛んだ。飛行隊が「フリートリヒ」、また「グスタフ」に機種改変したのち、この「エーミール」は修理され、スロヴァキアに送り返されて、シュテファン・マルティシュ上級軍曹やルドルフ・ボジク軍曹など、他の未来のエースの訓練に使われた。さらにその後は即応小隊に配属となり、小隊はやがて飛行隊規模に拡大された。そこでこのベテラン戦闘機はフランティシェク・ブレジナ曹長、ヨゼフ・スタウデル、そして再びパヴェル・ゼレナークといったエースたちの乗機となった。(via J Sehnal)

私を撃っている。私にとっては幸いにも、ロシア人たちは撃墜しようと功を焦り、お互い邪魔し合って混乱していた。

「それでもやはり私は被弾した。機体はいきなり衝撃を受け、空中に釘付けされたような気がした。『エーミール』はきりもみに入って落ちてゆき、最後の最後に、私は機を立て直すことができた。左翼にはソ連のShVAK 20mm機関砲弾による大穴が3つも開いていた。私は超低空でのろのろと飛び、やっとのことで基地まで戻ってきた。

「地面すれすれに飛んでいたので、低すぎてパラシュート脱出も無理だった。きわめて幸運にも、1408時にクラスノダールに着陸できた。地上整備員が数えたところ、7.62mm機銃の弾痕が60もあり、3発命中した機関砲弾のうち1発は左翼の主桁を砕いていた。これほどの満身創痍で帰還できたのは驚異だった。着陸後、『ヤーノ』・ゲルトホーフェルがならず者1機を仕留めたことを聞かされた」

ゲルトホーフェルの獲物は多分、第269戦闘機連隊のオレグ・I・ガヴリロフ軍曹の操縦するLaGG-3 No2666「白の25」だったと思われる。レズナクはこの日もう一度、ゲルトホーフェル、ツィプリヒとともにBf109F-4 W.Nr.13334でノヴォロシイスク＝クリムスカヤ地区に索敵攻撃に出撃したが、何事も起

上2葉●第13飛行隊の最初の前線チームのBf109Eのうち数機は、東部戦線進出の前に、エンジンカウリングに自隊のマークを描いていた。エンブレムの色は、十字は白、丘は青、太陽は赤だったと思われる。（via S Androvic）

こらなかった。

　タマン半島のドイツ第17軍に対するソ連軍の圧力により、第52戦闘航空団第13（スロヴァキア）中隊は急遽、別の基地に移ることになった。クラスノダールからの退去は1月31日から始まり、第1陣はスラヴィヤンスカヤ飛行場に逃れた。だがソ連軍の攻勢は続き、部隊は2月16日、17日、クリミアのケルチⅣ飛行場まで退いた。この時点で、第13飛行隊は公認勝利21機をあげていた。最高はブレジナの4機、レズナクとヤンチョヴィチュがそれぞれ3機でこれに続いた。

　この飛行隊の善戦はドイツ軍の注目するところとなり、第13（スロヴァキア）中隊は間もなく再び機種を改変した。残っていた6機の「F型（フリートリピ）」は3月5日までにすべて返納され、代わりに完全な新品のBf109G-2が9機支給された。しかもその月の末までに、これらもさらにG-4型に交換された。G-4型は無線機が前型のFuG VIIaからFuG 16Zに変更され、交信距離が大きくなり、かつ扱いやすくなっていた。多くの機体が、主翼下面にMG151 20mm機関砲2門を増設したBf109G-4/R6に改造され、また何機かは防塵フィルターを取り付けてBf109G-4/Tropとなった。「G型（グスタフ）」の到着により、スロヴァキア飛行隊も装備機については第52戦闘航空団のほかの部隊と同じレベルに到達した。

　だが機種変換が完了したのは、もう一度、基地を変更したあとだった。3月17日と18日、飛行隊はケルチ海峡を越えて、タマン半島にある同名の飛行場に引っ越した。ここで部隊は一連の激しい戦闘を経験し、第13飛行隊のスコアは急速に増えていった。部隊は4月1日にまたもや、今度は黒海海岸沿いのアナパ飛行場に移動し、ここでしばらく留まることとなった。

　戦闘経験を積み、装備も最新のものとなったという2つの要素がさらなる成功のかぎとなり、スロヴァキア人パイロットのスコアは上昇を続けた。1942年12月にわずか3機だったのが、1943年1月には12機に伸び、2月は8機、そして戦闘行動が頂点に達した3月には44機にものぼった。

　だがこうした成功は犠牲をも伴い、4名のスロヴァキア人戦闘機パイロットが戦死した。1月2日の朝には、ヨゼフ・ドルリツカ上級軍曹がカフカスのトゥアプセ東方でソ連軍のLaGG-3の大群と戦い、還らなかった。17日にはヨゼフ・ヴィンツル軍曹がI-16とI-153の混成編隊と戦闘中に撃墜され（誤って、ドイツ軍対空砲に撃たれたらしい）、彼の乗機はクラスノダール南東スモレンスカヤ村付近の大地に全速力で突入した。

　2週間後の1月31日、ヨゼフ・スヴェイディク上級軍曹がクロポトキン飛行場付近への索敵出撃から戻らなかった。恐らくソ連対空砲火に撃墜されたと思われる。4人目の犠牲者は撃墜7機のエース、ヨゼフ・ヤンチョヴィチュ上級軍曹だったので、衝撃はことのほか深刻なものとなった。3月29日、タマンのドックに来襲したソ連軍Iℓ-2「シュトゥ

1943年1月20日、クラスノダールで撮影されたこの珍しい写真で、ヨゼフ・ヤンチョヴィチュ軍曹は乗機Bf109Fが受けた大きな損傷を指差している。彼はI-16の主翼の一部が機体に突き刺さった状態で、たったいま基地に戻ってきた。ソ連パイロットが正面から向かってきて、体当たりを試みたのだ。

スロヴァキア軍のBf109G-4/R6のエンジン整備に忙しい「黒衣」（整備員）。胴体には隊内識別番号「黄色の11」に加え、ドイツ軍のラジオコードの痕も見える。

ルモヴィーク」地上攻撃機を迎撃するため、ヤンチョヴィチュはフランティシェク・ツィプリヒ上級軍曹の僚機として、タマンを飛び立った。

「『ヨゾ』・ヤンチョヴィチュは部隊でも最も攻撃精神旺盛なパイロットのひとりだった」と、ヤーン・レズナクは言う。「空戦になると、さながら猛禽類で、自分の身の安全などまったく意に介さなかった」。スロヴァキア最高の戦闘機パイロットは続けた。「私が好きだった彼の美点のひとつは、格闘戦を恐れなかったことだ」。

運命の日は、ヤンチョヴィチュの攻撃精神が彼の命取りとなった。2人のスロヴァキア・パイロットはアゾフ海上を逃走するIℓ-2を追いかけたが、そのとき護衛のLaGG-3が戦闘に加わった。最後尾の「シュトゥルモヴィーク」を追っていたヤンチョヴィチュは、自分の目標のみに注意が限られてしまう致命的なミスを犯した。Iℓ-2にほとんど追いつき、まさに射撃しようとした瞬間、彼のBf109G-2（W.Nr.14380）はソ連戦闘機の弾丸を浴びて、ぐらぐらと振動した。ヤンチョヴィチュは左脚に負傷し、アフタニゾフスカヤ村付近の不整地に胴体着陸しようと試みた。

そのあとの不時着で、飛行機はめちゃめちゃに壊れ、地面をがたがた滑って止まったが、ヤンチョヴィチュは照準器に頭を強打して、さらに重傷を負った。彼はルーマニア兵の手でケルチの東、約30kmのザポロジスカヤ村にあった野戦救護所に運ばれ、ドイツ人軍医の応急手当を受けた。しかしヤンチョヴィチュの傷はあまりに重く、あくる朝、息を引き取った。彼はスロヴァキアのエース中ただひとり、東部戦線で落命した人物となった。

3月の戦いのさなかに、第13（スロヴァキア）中隊は50機目の公認撃墜を達成した。3月21日の1128時、ヤーン・ゲルトホーフェル少尉が、ミスチャコ南方の黒海上空でペトリャコーフPe-2偵察機を1機、撃ち落したのだ。部隊がこの型の機を撃墜したのは初めてのことで、たくさんの祝電が寄せられ、そのひとつはドイツ空軍総司令、ヘルマン・ゲーリング国家元帥からの親電だった。

厳しい戦闘配置の中で送った数カ月の日々は、人命の損失を出したばかりでなく、生き残ったパイロットたちにも深い疲労を残した。救援が必要なことは明らかで、司令のオンドレイ・ドゥンバラ少佐は人員の交代を要請した。スロヴァキア軍司令部はすみやかに反応し、厳選したパイロット13名をBf109Eで訓練するコースを始めた。訓練が完了したあかつきには、このパイロットたちで二番目の前線チームを結成し、前任者たちと交代することになっていた。ヨゼフ・パレニチェク大尉が司令に指名されたが、任務につ

「黄色の10」で戦果をあげて帰還し、イジドル・コヴァリク上級軍曹の祝いを受けるヤーン・ゲルトホーフェル中尉（スコア26機）。「イゾ」・コヴァリクは1944年7月11日、トリ・ドゥビ飛行場の近くで、ゴータGo145複葉練習機で墜死したが、それまでに28機のスコアをあげ、スロヴァキア第二位のエースだった。

右頁中●第52戦闘航空団第13（スロヴァキア）中隊に支給されたばかりのBf109G-4/R6。まったくの新品で、まだ製造会社記号CU+PQが胴体と翼下面に書かれている。前線に出ると、これらの文字は直ちに塗り消された。写真はケルチからアナパへ空輸の途中、1943年4月13日の撮影。本機には14機のスコアをもつフランティシェク・ブレジナ上級軍曹がときおり搭乗した。
（via S Androvic）

右頁下●スロヴァキア軍の「エーミール」は第13飛行隊に支給される前、ドイツ空軍で酷使されたもので、エンジンや降着装置に故障が多く、飛行隊パイロットの恐怖の種だった。この機体は1943年、シュテファン・ヤンボル軍曹が搭乗中、エンジン故障で胴着したが、パイロットにけがはなかった。

いてわずか数日で、第13飛行隊の最初の前線チームの司令となり、20日に着任した。ドゥンバラ少佐は戦地で発病したため、スロヴァキアに帰還し、Bf109のための予備パイロットを訓練する任務についた。

パレニチェクが第13（スロヴァキア）中隊の指揮を掌握したのは、クバン上空の制空権をめぐる戦い（1943年4月17日から6月7日まで）が、まさに始まろうとしていたときだった。この戦闘でスロヴァキア戦闘機パイロットたちは、機数に勝るソ連軍相手に、それまでで最も激烈な空戦に巻き込まれることとなった。

「わが部隊に割り当てられた区域では、敵空軍の活動が活発化し、パイロットたち——主として護衛任務に従事中——は、機数で9倍も多い相手と戦わねばならぬほどである」と、パレニチェクはスロヴァキアに報告している。「我々の区域には、イギリスのスピットファイアが、いやその前に、アメリカのエアラコブラが姿を現している」。パレニチェクの考えでは、これらの飛行機の性能は「メッサーシュミット Bf109G-2にも、またG-4にも匹敵する」ものだった。

クバン上空の戦闘の激しさからして、第52戦闘航空団第13（スロヴァキア）中隊のスコアが100機という節目に達するのに、それほど時間はかからなかった。100機目の勝利は4月27日のことで、ヤーン・レズナクが1748時、ホルムスカヤ付近でLaGG-3を1機撃ち落したのだ。こうした状況では、複数の勝利も珍しいことではなく、2人のパイロットが一日のうちに、それぞれ4機を落としている。

たとえば4月24日、ヤーン・ゲルトホーフェル少尉はLaGG-3を2機、Iℓ-2「シュトゥルモヴィーク」を1機、ボストン爆撃機を1機落とした。イジドル・コヴァリク上級軍曹は5月29日、Yak-1戦闘機4機を撃墜して、ゲルトホーフェルの大記録に肩を並べた。両人とも当日、2回の出撃で撃墜を報告している。

ヨゼフ・ヤンチョヴィチュ軍曹は闘志に溢れたスロヴァキア人パイロットで、どれほど過酷な任務でも怖れず、どんな劣勢でも戦闘を回避しなかった。公認スコア7機をあげたのち、1943年3月29日、彼はBf109G-2 W.Nr.14380で飛行中、アゾフ海上空でLaGG-3の奇襲を受けて致命傷を負った。ヤンチョヴィチュはアフタニゾフスカヤ村の近くに不時着し、翌日、ザポロジスカヤの野戦病院で死亡した。彼は第52戦闘航空団第13（スロヴァキア）中隊に属して、カフカスとクバン上空で戦死した4人目の、かつ最後の戦闘機パイロットとなった。(via M Krajci)

部隊の撃墜スコアは増えていったが、損失のほうは大したことはなく、空戦によるものより爆撃の被害のほうが多かった。実際、ヨゼフ・ヤンチョヴィチュの死亡以後、部隊の最初の前線チームのパイロットはひとりも戦死せず、負傷もしなかった。これは、彼らがその後なお3カ月のあいだ、二番目の前線チームと交代できなかったことを考えると、実に稀有なことだった。

だがこれは、パイロットたちが健康に満ち溢れていたという意味ではない。肉体的、また精神的な疲労——激しい作戦行動の結果としての——は、彼らを蝕み始めていた。最初の前線チームは二番目の前線チームと交代するまで、黒海沿岸のアナパに留まった。当初の

パイロットたちによる最後の撃墜が報告されたのは1943年7月4日のこと。ヴラディミール・クリシュコ中尉が1008時、Pe-2を1機仕留めたのだ。このソ連爆撃機はアフタニゾフスカヤという小さな町の近郊に墜落し、クリシュコの9機目の、また最後の戦果となった。3日後、最初の前線チームは母国スロヴァキアへ帰る10日間の汽車の旅に出た。

戦闘配置について8カ月間の、部隊の戦績は見事なものだった。戦闘出撃延べ1504回、敵との交戦206回、公認撃墜154機、不確実16機。この成功のための犠牲として、4名のパイロットが戦死、もしくは行方不明となった。

二番目の前線チームの顔ぶれは、ユライ・プスカル中尉、フランティシェク・ハノヴェツ、フランティシェク・メリヒャク、シュテファン・ヤンボル、アントン・マトゥシェク、グスタヴ・クボヴィツ、グスタヴ・ランク各上級軍曹、ルドヴィット・ドブロヴォドスキー、アレクサンデル・

1943年4月、アナパから、スロヴァキア軍のBf109G-4/R6のペアが出撃しようとする。「黄色の1」にはイジドル・コヴァリク上級軍曹（スコア28機）とヴラディミール・クリシュコ中尉（同9機）が、ときおり搭乗した。第52戦闘航空団第13（スロヴァキア）中隊は「グスタフ」に改変後、直ちに新機種に完全に熟達したことを立証して見せた。この機種の到着に合わせるように空戦は激化し、スロヴァキア軍飛行士たちの合計戦果も急増した。撃墜50機目は1943年3月21日、100機目は4月27日、150機目は6月20日、そして200機目は9月24日に達成された。(via J Sehnal)

親友同士であり、部隊では最も戦果をあげた2人のパイロット、ヤーン・レズナク（左）とイジドル・コヴァリク両上級軍曹がBf109G-4「黄色の10」とともにカメラに納まる。1943年4月の末アナパで。

1943年の春、第52戦闘航空団第13（スロヴァキア）中隊の整備員たちが交換部品の荷どきをする。背景はドイツ軍のBf109G-4。

ゲリツ、ルドルフ・パラティツキー、シュテファン・オツヴィルク、カロル・ゲレトコ、ルドルフ・ボジク各軍曹で、ようやく1943年6月23日にピエシュチャニに到着した。2月に病気になって最初のチームから抜けていたシュテファン・マルティシュ上級軍曹も、やがてこのチームに加わった。平均年齢は24歳と、ほとんどのメンバーは若く、母国スロヴァキアで最小限の実用機飛行経験しか積んでいなかった。

彼らがまず向かったのは、最初のチームが最後の基地としたアナパではなく、クリミア半島のサラブスで、そこでBf109Gを使い、「グスタフ」で飛ぶための短期訓練を受けた。そして7月2日、Ju52/3mでアナパに空輸された。司令ヨゼフ・パレニチェク大尉の歓迎を受けたのち、部隊は実戦の場に乗り出す前の慣熟飛行を開始した。だが最初の出撃を前にして、もっと経験豊富な先輩パイロットたちから彼らが戒められたのは、もしも生き残りたいと思うなら、勝利を得ようとして熱くなりすぎるな、ということだった。

新顔たちが最初の戦果をあげたのは7月22日のことで、報告者はユライ・プスカル中尉の僚機として飛んだフランティシェク・ハノヴェツ上級軍曹だった。1145時ごろ、彼らは4機のエアラコブラと遭遇し、激闘のすえ、ハノヴェツが1機を撃ち落とした。敵はクリムスカヤの北方に墜落したが、その前にパイロットはパラシュートで飛び降りた。26日にはさらに勝利が続き、1055時から1130時のあいだに、ルドルフ・ボジク軍曹がエアラコブラを1機、ポリカルポフR-5偵察機を1機、撃墜した。アントン・マトゥシェク上級軍曹も、もう1機のエアラコブラと、ボストン爆撃機1機を落としている。

戦闘が激化するにつれ、部隊の戦果も増えていった。二番目の前線チームがあげた戦果は、7月には11機に過ぎなかったのが、8月はソ連機21機となり、9月には16機にのぼった。これら獲物の多くは武器貸与法で送られてきたボストンやエアラコブラ、それにスピットファイアで、最初にスピットファイアを

表紙に取り上げられたエース、ヤーン・レズナク。ドイツ第4航空艦隊が発行する雑誌のスロヴァキア語版・1943年6月号は、第52戦闘航空団第13（スロヴァキア）中隊のこのエースが「グスタフ」のコクピットに納まった写真を前表紙に使った。自分のことが書かれた記事を読んでいるところ。

1943年4月、アナパで、第52戦闘航空団第13（スロヴァキア）中隊のBf109G-4のエンジンを点検する整備兵。この機体がスロヴァキア軍の所有でないことは、ドイツ軍の国籍マークからわかるが、スピナーは白・青・赤のスロヴァキア国旗の色に塗られ、乗員の国籍を明確に示している。
（via M Krajci）

1943年、アナパで一緒にカメラに向かったスロヴァキア人エースたち。左から、フランティシェク・ツィプリヒ上級軍曹、カール・ティーム大尉（ドイツ空軍の連絡将校）、ヤーン・レズナク（スコア32機）、イジドル・コヴァリク（同28機）、ヨゼフ・スタウデル（同12機）各上級軍曹、ロベルト・ネラト（整備班長）、パヴェル・ゼレナーク上級軍曹（同12機）。（via B Barbas）

落としたのは8月7日、アレクサンデル・ゲリツ軍曹だった。

8月28日、スロヴァキア飛行隊は大きな一区切りとなる作戦出撃2000回を達成し、そのうち496回が二番目の前線チームによるものだった。この時点で部隊の公認撃墜は183機、うち26機は新顔が撃墜していた。戦果の多かったのはアントン・マトゥシェク上級軍曹（12機）、アレクサンデル・ゲリツ軍曹（8機）、ユライ・プスカル中尉（3機）である。スロヴァキア人部隊は

第52戦闘航空団第13（スロヴァキア）中隊のBf109G-4 W.Nr.19347「黄色の9」が1943年4月晩く、アナパから離陸に移る。スロヴァキア第一位のエース、ヤーン・レズナク曹長はこの機体で20回の出撃をし、公認全スコア32機のうち7機を本機であげた。だがパイロットはもともと固有の乗機を持たず、本機もフランティシェク・ブレジナ上級軍曹、ヴラディミール・クリシュコ中尉、シュテファン・マルティシュ上級軍曹などのエースを含む他のパイロットにも使用された。1943年9月9日、この機体はエースであるアントン・マトゥシェク上級軍曹の脱走に使われ、ソ連軍の手に渡った。(BA)

第52戦闘航空団第13（スロヴァキア）中隊の軍医、ドゥバイ見習士官が、ヤーン・レズナクを表紙に使った第4航空艦隊の雑誌に読みふける。後方にはBf109G-4「黄色の8」が待機中。1943年6月、アナパで。

話に夢中のヤーン・レズナク上級軍曹、ヤーン・ゲルトホーフェル中尉、それにドイツ空軍連絡将校カール・ティーム大尉。かたわらのBf109G-4/Trop「黄色の10」は、もとあったラジオコードが雑に塗り隠されたあとが見える。

右頁上●1943年夏、第52戦闘航空団第13（スロヴァキア）中隊のBf109G-4が2機、アナパで待機している。遠方の機体は「黄色の8」。

ドイツ第Ⅰ航空軍団司令官、カール・アンゲルシュタイン中将に加え、第17軍司令官、エルヴィーン・イェネッケ大将からも祝電を贈られた。

脱走
DESERTIONS

だが、スロヴァキア人たちが栄誉に安んじていられる余裕はなかった。赤軍の進攻により、クバンの枢軸軍は圧迫され、クバン橋頭堡から撤退を強いられたのだ。戦局が転回するなかで、数人のパイロット、および地上勤務員が第13飛行隊から脱走した。

もともと、東部戦線へ戦意に燃えて出発したスロヴァキア兵士や飛行士は、ほとんど居なかった。1941年の夏にも、スロヴァキアの人々のあいだでソ連との戦争は歓迎されなかったのに、2年が経ち、同盟相手のドイツが軍事的劣勢に立たされた今では、なおのことだった。無神論に立つ共産主義がスロヴァキア人の深い宗教心の対極にあることは問題にされなかった。実際、こうした感情よりは同じスラブ民族同士という共感のほうが強かったのだ。ク

ヴラディミール・クリシュコ中尉はスロヴァキア人エースのうち、わずか3名しかいなかった将校のひとりだった。第52戦闘航空団第13（スロヴァキア）中隊長代理として、彼はYak-1を4機、LaGG-3を2機、La-5、Iℓ-2、Pe-2を各1機、計9機のソ連機を撃墜している。本土防衛戦では即応飛行隊を、蜂起のあいだは混成飛行隊をそれぞれ指揮した。戦後は第1戦闘機連隊長を務め、1951年にチェコスロヴァキア空軍を少佐で退役。

第52戦闘航空団第13（スロヴァキア）中隊のフランティシェク・ハノヴェツ上級軍曹がクリムスカヤ上空でソ連のP-39を撃墜し、二番目の前線チームで最初の勝利をあげたことを祝福されている。1943年7月22日、アナパで。ハノヴェツは1939年にポーランド機を協同撃墜して初のスコアをあげ、1943年にはソ連機を5機落とした。祝いに加わっているのは左から、ユライ・プスカル中尉（中隊長代理、スコア5機）、アントン・マトゥシェク上級軍曹（同12機）、グスタヴ・ランク軍曹（同2機）、カロル・ドゥベン上級軍曹（武装係主任）、アウグスティン・クボヴィツ軍曹（スコア1機）、ルドルフ・パラティツキー軍曹（同6機）。

1943年夏、黒海海岸のアナパでくつろぐ第52戦闘航空団第13（スロヴァキア）中隊員たち。立っているのは左から、フランティシェク・ハノヴェツ上級軍曹（公認スコア5機、不確実1機）、アウグスティン・クボヴィツ軍曹（1機）、アレクサンデル・ゲリツ軍曹（9機）、アントン・マトゥシェク上級軍曹（12機）、ユライ・プスカル中尉（5機）、フランティシェク・メリヒャク軍曹（1機）、ソスカ（整備兵）。座っているのは左から、シュテファン・マルティシュ上級軍曹（5機）、ルドヴィット・ドブロヴォドスキー軍曹（1機）、ルドルフ・パラティツキー軍曹（6機）。

1943年夏、アナパでのもう1枚の写真。左から、アウグスティン・クボヴィツ軍曹（1機）、フランティシェク・ハノヴェツ上級軍曹（6機）、ルドルフ・ボジク軍曹（8機）、アレクサンデル・ゲリツ軍曹（9機）、アントン・マトゥシェク上級軍曹（12機）、ヨゼフ・パレニチェク大尉（第13（スロヴァキア）中隊長）、ティーム大尉（ドイツ軍連絡将校）、ヘルムート・キューレ大尉（第52戦闘航空団第Ⅱ飛行隊長）。(via M Krajci)

ロアチア人たちがそうしたように、スロヴァキア人たちもドイツ人に対し、自分たちへの待遇のいくつかの面については抗議した。ドイツ人たちは必ずしも同盟者のようには振舞わず、このことは戦場で多くの人々にマイナスの影響をもたらした。

それでもなお、1943年3月の時点では、ドイツ空軍スロヴァキア使節団で空中部門責任者を務めるイグナツィウス・ヴェー中佐は監察旅行を終えたのち、「スロヴァキア戦闘飛行隊は喜んで戦っている」と報告できると感じた。ただし彼の所見は、ドイツ軍の高官たちから高く評価された、最初の前線チームについてのみ当てはまるものだった。

1943年、アナパで、第52戦闘航空団第13（スロヴァキア）中隊のBf109G-4の前のパイロットたち。前列左から、カロル・ゲレトコ軍曹（1機）、フランティシェク・ハノヴェツ軍曹（6機）、シュテファン・マルティシュ軍曹（5機）。後列左から、アントン・マトゥシェク上級軍曹（12機）、シュテファン・ヤンボル軍曹、不詳、ドイツ軍連絡将校カール・ティーム大尉。(via B Barbas)

戦況が変わった東部戦線では、彼らの後継者たちは前任者ほどの熱意を持たぬように見えた。ドイツ人たちもこのことに気づき、第52戦闘航空団司令ディートリヒ・フラバク少佐と、同航空団第Ⅱ飛行隊長

空軍のベテラン、シュテファン・ヤンボル上級軍曹がBf109G-4「黄色の1」のコクピットから機付整備兵に語りかける。コクピット下の人名「Marta」に注意。1943年夏、アナパ。ヤンボルは1944年6月26日、南部スロヴァキア上空でアメリカ機と戦って戦死した3名のスロヴァキア・パイロットのひとりとなった。彼のBf109G-6 W.Nr.161723「白の4」は、護衛についてきたマスタングの銃弾を浴びて蜂の巣となり、フビツェ村とストヴルトク・ナ・オストロヴェ村のあいだに墜落した。
(K Geletko)

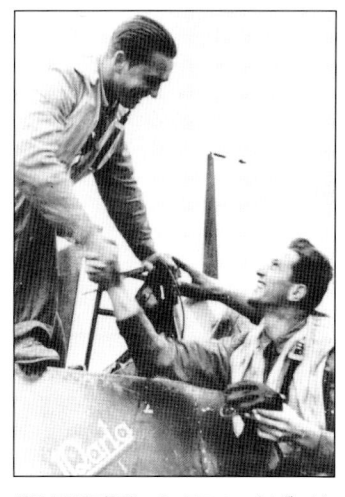

戦果をあげて帰還し、シュテファン・オツヴィルク軍曹から祝われるグスタヴ・ランク軍曹。機体は上の写真と同じく「Marta」。オツヴィルクは東部戦線で5機の撃墜（ボストンが2機、LaGG-3が2機、Yak-1が1機）を報告、一方ランクはIℓ-2とLaGG-3各1機を撃墜した。ランクは1944年6月26日、リンカーン・E・アーツ少尉の操縦するB-24リベレーターを撃墜し、3機目の戦果をあげるとともに、アメリカ機を撃墜した唯一のスロヴァキア人戦闘機パイロットとなった。だがこの勝利は彼の生命を代償とした。直後に、ランクは護衛のP-38に撃墜されたのだ。ランクのBf109G-6「白の10」(W.Nr.161713)は南部スロヴァキアのミロスラヴォフ・ナ・オストロヴェに墜落し、彼は残骸と化した戦闘機のコクピットで、座席ベルトをつけたままで発見された。脱出しようとした形跡はなかった。(via J Rajninec)

ゲーアハルト・バルクホルン大尉は、スロヴァキア人パイロットたちが命ぜられた役割を空中で果たしているかどうか、観察する義務があると感じた。ネコの肉で作ったグーラッシュ［ハンガリー風のシチュー］が食事に出るようでは、士気が高まるはずもなかった！　だが、スロヴァキア飛行隊が何よりも憤激したのは、クバン橋頭堡からドイツ空軍の5個部隊が、ほんのわずかの職員を残しただけで、彼らを置き去りにして撤退してしまったことだった。

最初の結果は1943年9月に現れた。アントン・マトゥシェク上級軍曹とルドヴィット・ドブロヴォドスキー軍曹、それにアレクサンデル・ゲリツ軍曹が「グスタフ」に乗ってソ連側に逃亡したのだ。ソ連側は、彼らの逃亡理由は共産主義への共感によるものと説明したが、彼らの動機はもっと複雑なものだったと思われる。マトゥシェクとゲリツは二番目の前線チームの中でも最も戦果の多いパイロットたちで、それぞれ12機と9機のスコアをあげていた。一方、ドブロヴォドスキーは1機だけだった。親ソ連、あるいは親ロシア感情もありえなくはないものの、マトゥシェクとゲリツは軍紀違反への処罰から逃れようとした可能性がある。ドブロヴォドスキーは、自分より年長で経験豊富なことから深く尊敬していたマトゥシェクを、単に真似したものであろう。

理由はどうあれ、事実としては1943年9月9日、マトゥシェク（Bf109G-4 W.Nr.19347「黄色の9」）とドブロヴォドスキー（Bf109G-4 W.Nr.16259「黄色の13」）は、ケルチから飛んでくるFw189偵察機1機の護衛のため、1335時にアナパを離陸した。だがテムリューク港上空の会同地点で旋回して待っても相手は姿を見せず、10分経ったのち、2機の戦闘機は東へ機首を向け、低空でソ連軍前線を越えた。彼らはティマシェフスカヤ飛行場に降りるつもりだったが、現地防空部隊はノヴォマロロシイスカヤ近くの飛行場に彼らを着陸させた。まったく無傷の乗機をみやげに、2人はソ連当局に出頭した。

2日後、アレクサンデル・ゲリツ軍曹がこれに続いた。ゲリツとシュテファン・マルティシュ上級軍曹も同様にFw189の護衛を命じられていたが、ノヴォロシイスクの東でソ連軍のスピットファイアMkVB 6機に出会った。ゲリツは撃たれたふりを装って逃亡した。マルティシュは単機でアナパに帰還し、ゲリツが撃墜されたと報告した。マルティシュはスピットファイア1機の撃墜も主張したが、裏づけがなくて認められなかった。一方ゲリツは乗機Bf109G-4 W.Nr.14938「黄色の2」をソ連軍のティマシェフスカヤ飛行場にぶじ着陸させた。彼は乗機に無線整備士のヴィンツェンツ・トカチク兵長も同乗させていたが、トカチクは新型のFuG 17無線機の訓練を受けた人物だった。

ゲリツとトカチクは赤軍から情報任務を与えられ、1944年6月29日から30日にかけての夜、2人はスロヴァキアにパラシュートで降下した。一方、マトゥシェクとドブロヴォドスキーはチェコスロヴァキア第1戦闘機連隊の隊員となってラーヴォチキンLa-5FNに搭乗し、スロヴァキア民族蜂起に加わって戦った。

この上、さらに脱走者が出る可能性も否定できないと考えたパレニチェク大尉はスロヴァキア国防省に対し、部隊の母国へのすみやかな撤退を要請したが、ドイツ側にはこれに代替する戦力の手持ちがなかった。ソ連軍が前進したのち、第52戦闘航空団第13（スロヴァキア）中隊は1943年9月18日、アナパからの後退を止めてタマンにとどまり、ここで縮小されたクバン橋頭堡から優勢な敵軍と対戦した。9月24日、ルドルフ・パラティツキー軍曹が1回の戦いで2機のIℓ-2「シュトゥルモヴィーク」を撃ち落としたことで、部隊は200機目の撃墜を達成した。彼が1000時にタマン近くの黒海で落とした二番目の機体が200機目となった。

　27日には、部隊の士気はいくぶん持ち直した。クバンの枢軸軍最後の前哨基地から、クリミアのケルチへの移動命令が出たためだった。危険な状況に陥っていた補給の問題も、この移動のおかげで緩和され、さらに士気を向上させた。脱走は止んだ。

　だがケルチには結局、わずかな期間滞在しただけで、10月12日には部隊はケルチの西のバギロヴォ飛行場に再び移動した。疲れはてたスロヴァキア戦士たちに休息の日は近づいていたものの、飛行隊長代理ユライ・プスカル中尉（撃墜5機）は1943年10月19日、あやうく難を逃れた。Bf109G-4 W.Nr.19248でバギロヴォを飛び立った直後、プスカルはソ連戦闘機の奇襲を受け、機体はフォンタナ＝マリエンタル地区に墜落して燃えてしまったが、

実施部隊ではBf109G-4/R6のことを「Kanonen-boot」（カノーネンボート＝砲艦）と呼んでいた。1943年夏のアナパで、第52戦闘航空団第13（スロヴァキア）中隊所属の同機の前に立つ、左から、アレクサンデル・ゲリツ軍曹、グスタヴ・クボヴィツ、アントン・マトゥシェク、フランティシェク・メリヒャク各上級軍曹。マトゥシェクは12機、ゲリツは9機をそれぞれ撃墜したエースだったが、2人とも1943年9月、「グスタフ」に乗ってソ連に逃亡した。（K Geletko）

Bf109G-4 W.Nr. 19347「黄色の9」はレズナクが使用したこともあるが、1943年9月9日、アントン・マトゥシェクが乗ってソ連に逃亡した。マトゥシェクはのちに第1チェコスロヴァキア戦闘機連隊でラーヴォチキンLa-5FNのパイロットとなった。彼が乗って行った「グスタフ」のその後の運命はわからない。（via J Bobek）

彼はパラシュートで脱出したため無傷で済んだ。

　その1週間後の27日、東部戦線でのスロヴァキア軍による最後の撃墜が達成された。フランティシェク・ハノヴェツ上級軍曹がLa-5を1機、ケルチ海峡に叩き落したのだ。ハノヴェツは二番目の前線チームのなかで最初に公認スコアをあげていたが、最後の公認撃墜もまた彼によるものとなった。

　翌日、待ちに待った前線との別れの日が到来した。スロヴァキア操縦士たちはBf109G-4をドイツ軍とクロアチア軍に引渡し、汽車で故国に向かって、1943年11月12日に帰り着いた。

　前線で送った4カ月間に、二番目のチームはおよそ1100回の作戦出動を果たし、61機を公認撃墜、さらに13機を不確実に撃墜した。パイロットの損失は3名と記録され――実際には脱走だったが――ほかに2名が負傷した。第52戦闘航空団第13（スロヴァキア）中隊の、12カ月間にのぼる戦いの総計は、出撃2600回、公認撃墜215機、不確実撃墜29機に達していた。戦闘に参加した29名のパイロットのうち、17名もがエースとなった。

12機のスコアをもつエース、アントン・マトゥシェクは、翼に黒十字のマークを描いた飛行機で東部戦線の上を飛んでいたが、母国に帰還した際には赤い星をつけた飛行機に乗ってきた。戦後、彼は新生チェコスロヴァキア空軍に1948年まで勤務した。（via S Androvic）

アレクサンデル・ゲリツは1943年9月11日にソ連側に脱走したあと、彼らの工作員となった。1944年6月29日から30日にかけての夜、彼は赤軍の情報任務を帯びて西部スロヴァキアのトレンチーン地区にパラシュート降下した。ドイツ軍がスロヴァキアに侵入した直後の1944年8月29日、彼はプラガE-39複葉練習機でピエシュチャニから飛び立ったが、視界不良のためブーホフ付近で墜死した。（K Geletko）

ユライ・プスカル中尉（スコア5機）は第52戦闘航空団第13（スロヴァキア）中隊員のうち、東部戦線で空戦により撃墜された最後のパイロットとなった。写真は1943年秋、ケルチでBf109G-4「黄色の1」から歩み去るプスカル（右端）。他の人物は左から、シュテファン・オツヴィルク上級軍曹、シュテファン・ヤンボル上級軍曹（帽子）、ロベルト・ネラト（整備係主任）、ヨゼフ・パレニチェク大尉（中隊長）。1943年10月19日、プスカルはバギロヴォを出発直後、襲来したソ連戦闘機に撃墜された。Bf109G-4 W.Nr.19248「Marta」は炎上したが、彼はうまく空中脱出した。

chapter 3
スロヴァキアの空で
IN SLOVAKIAN SKIES

　スロヴァキアの空が、南イタリアを基地とするアメリカ陸軍航空隊の脅威下にあることが明らかになると直ちに、スロヴァキア国防省は対空防御を考慮せずには居られなくなった。その結果、1943年8月20日、ブラティスラヴァのヴァイノリ空港に、即応部隊により指揮統制される飛行機4機の緊急編隊が設置された。これは当初、4機のBf109E——E-2、E-4、E-7——からなり、プラガE39連絡機も1機あった。やがてS328とB534も各1機ずつ加わった。

　部隊に最初に配置されたパイロットはフランティシェク・ツィプリヒ、イジドル・コヴァリク、ヤーン・レズナク、フランティシェク・ブレジナ、パヴェル・ゼレナーク、それにヨゼフ・スタウデル各上級軍曹。全員がエースで、東部戦線における第13飛行隊の最初の前線チームの隊員だった。隊長は最初ツィプリヒが務めたが、11月8日にヴラディミール・クリシュコに交代した。

　数カ月後、東部戦線から帰還した二番目の前線チームが増援に到着し、ドイツから新型機材も購入された。人員と機材が増えたことで、小さな緊急編隊はまるごとの第13飛行隊に取って代わられ、1944年1月31日、この部隊は正式にスロヴァキア防衛の任務を与えられた。それ以降、この部隊は「即

1943年夏、ヴァイノリで翼を並べた4機のBf109E。上からE-2 W.Nr.972、E-4 W.Nr.3317、E-7 W.Nr.4870、E-7 W.Nr.6442。当時すでに旧型ながら、スロヴァキアの首都ブラティスラヴァとポヴァジ盆地の産業地域を防衛するための即応部隊で使われていた。ドイツで描かれたラジオコードを塗り隠した痕跡が認められる。
（via J Rajninec）

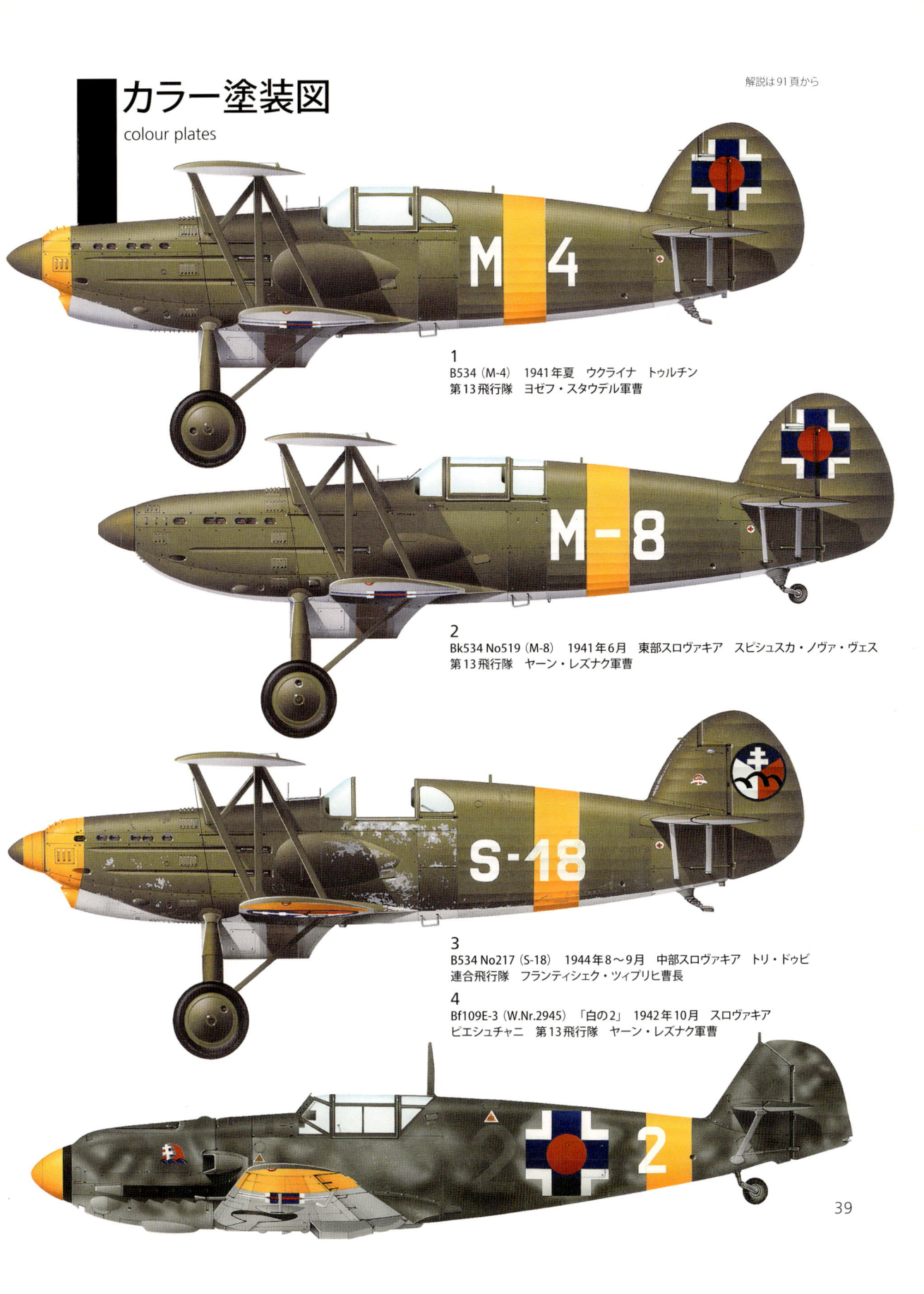

カラー塗装図
colour plates

解説は91頁から

1
B534（M-4） 1941年夏 ウクライナ トゥルチン
第13飛行隊 ヨゼフ・スタウデル軍曹

2
Bk534 No519（M-8） 1941年6月 東部スロヴァキア スピシュスカ・ノヴァ・ヴェス
第13飛行隊 ヤーン・レズナク軍曹

3
B534 No217（S-18） 1944年8〜9月 中部スロヴァキア トリ・ドゥビ
連合飛行隊 フランティシェク・ツィプリヒ曹長

4
Bf109E-3（W.Nr.2945）「白の2」 1942年10月 スロヴァキア
ピエシュチャニ 第13飛行隊 ヤーン・レズナク軍曹

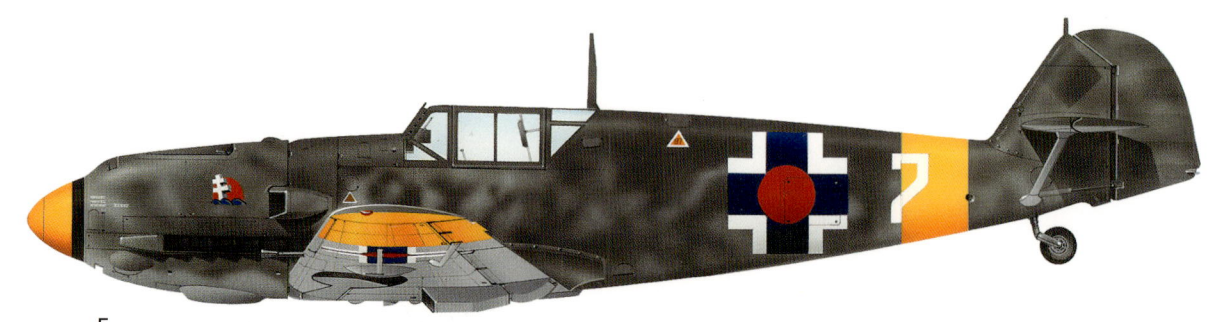

5
Bf109E-4（W.Nr.3317）「白の7」 1942年10月　スロヴァキア　ピエシュチャニ
第13飛行隊　シュテファン・マルティシュ軍曹

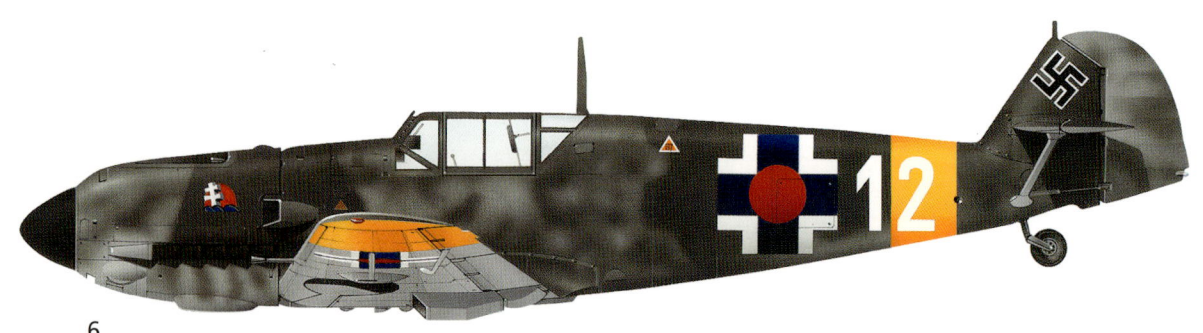

6
Bf109E-7（W.Nr.6474）「白の12」 1942年11月　クバン　マイコプ
第52戦闘航空団第13（スロヴァキア）中隊　ヴラディミール・クリシュコ少尉

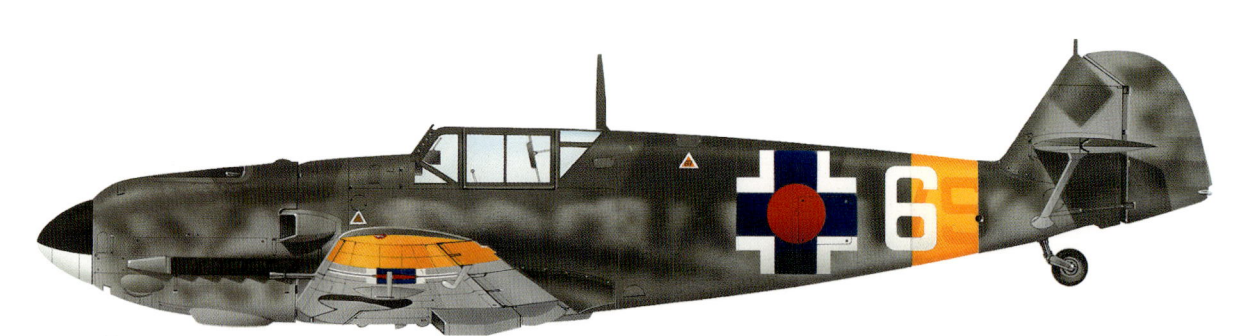

7
Bf109E-7（W.Nr.6476）「白の6」 1942年11月　クバン　マイコプ
第52戦闘航空団第13（スロヴァキア）中隊　ヤーン・レズナク軍曹

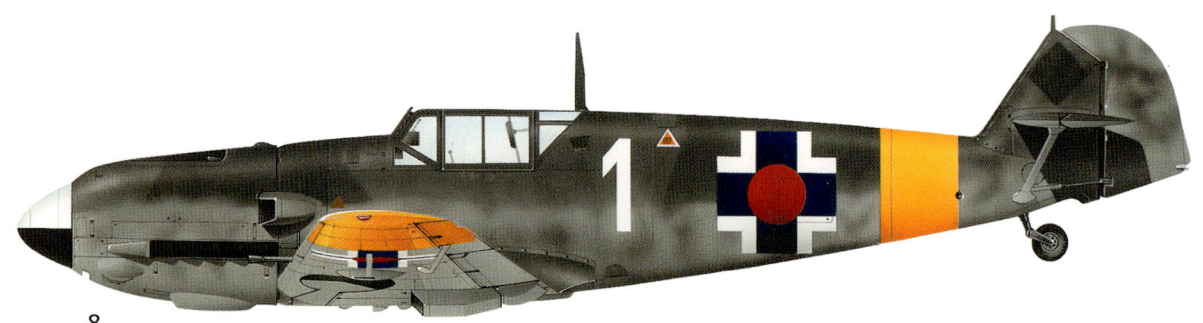

8
Bf109E-4　「白の1」 1943年9月　スロヴァキア　ヴァイノリ
第13飛行隊　フランティシェク・ブレジナ曹長

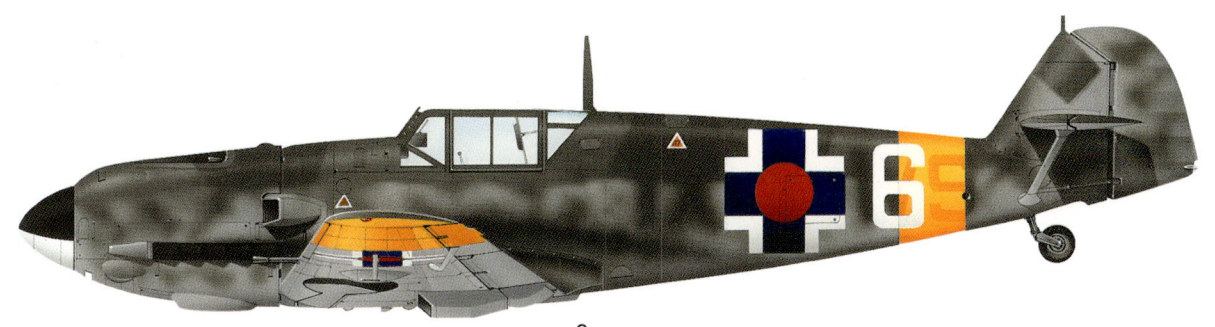

9
Bf109E-4（W.Nr.2787）「白の6」 1944年10月 スロヴァキア トリ・ドゥビ
連合飛行隊 シュテファン・オツヴィルク上級軍曹

10
Bf109G-4（W.Nr.19347）「黄色の9」 1943年4〜5月 クバン アナパ
第52戦闘航空団第13（スロヴァキア）中隊 ヤーン・レズナク上級軍曹

11
Bf109G-2/R6 「黄色の1」 1943年4〜5月 クバン アナパ
第52戦闘航空団第13（スロヴァキア）中隊 イジドル・コヴァリク上級軍曹

12
Bf109G-4（W.Nr.19330）「黄色の6」 1943年4〜5月 クバン アナパ
第52戦闘航空団第13（スロヴァキア）中隊 ヤーン・レズナク上級軍曹

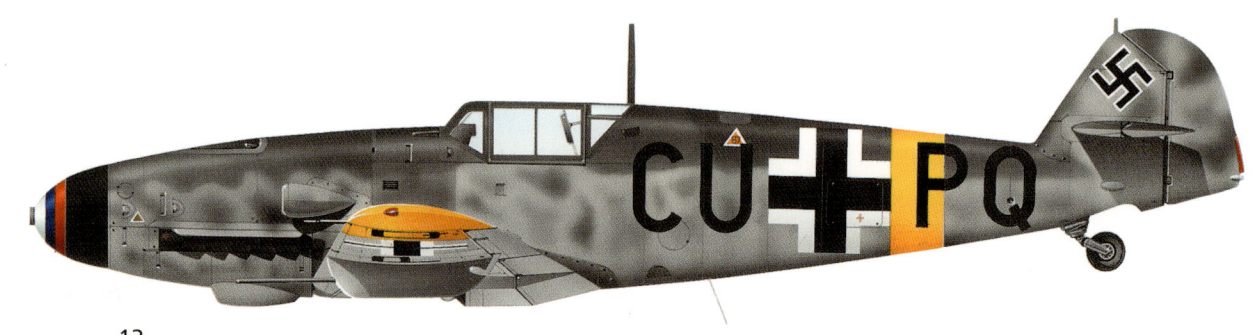

13
Bf109G-4/R6 CU+PQ 1943年4月 クバン アナパ
第52戦闘航空団第13（スロヴァキア）中隊 フランティシェク・ブレジナ上級軍曹

14
Bf109G-4 「黄色の2」 1943年4月 クバン アナパ
第52戦闘航空団第13（スロヴァキア）中隊 ヤーン・ゲルトホーフェル中尉

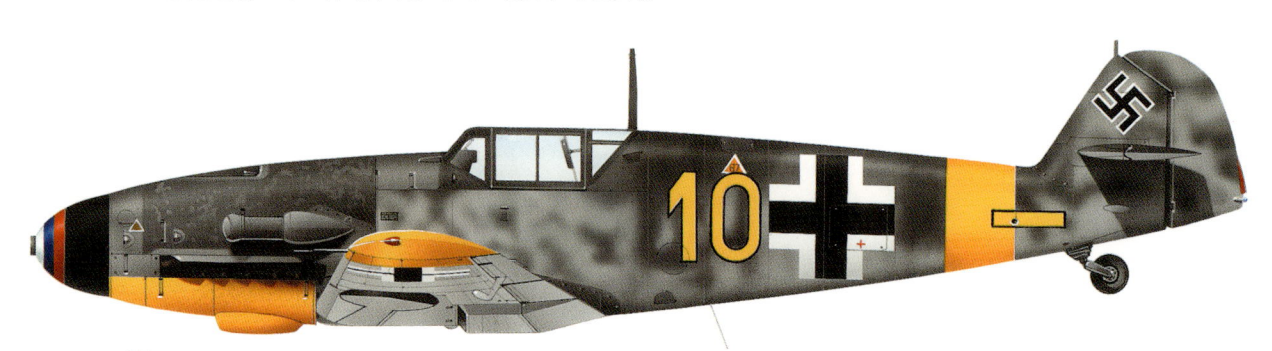

15
Bf109G-4/Trop（たぶんW.Nr.15195）「黄色の10」 1943年9月 クバン アナパ
第52戦闘航空団第13（スロヴァキア）中隊 シュテファン・マルティシュ上級軍曹

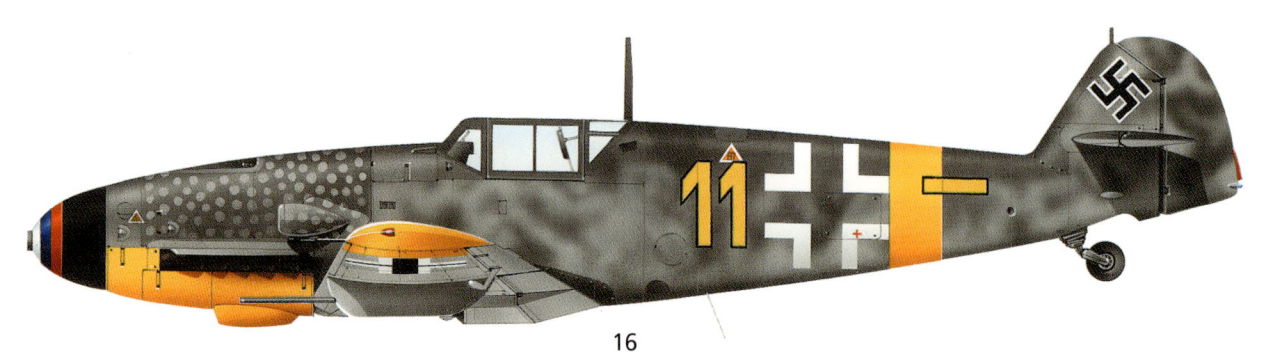

16
Bf109G-4/R6 「黄色の11」 1943年5月 クバン アナパ
第52戦闘航空団第13（スロヴァキア）中隊 ヤーン・ゲルトホーフェル中尉

17
Bf109G-4/R6(W.Nr.19543)「黄色の12」 1943年4月 クバン アナパ
第52戦闘航空団第13(スロヴァキア)中隊 ヴラディミール・クリシュコ中尉

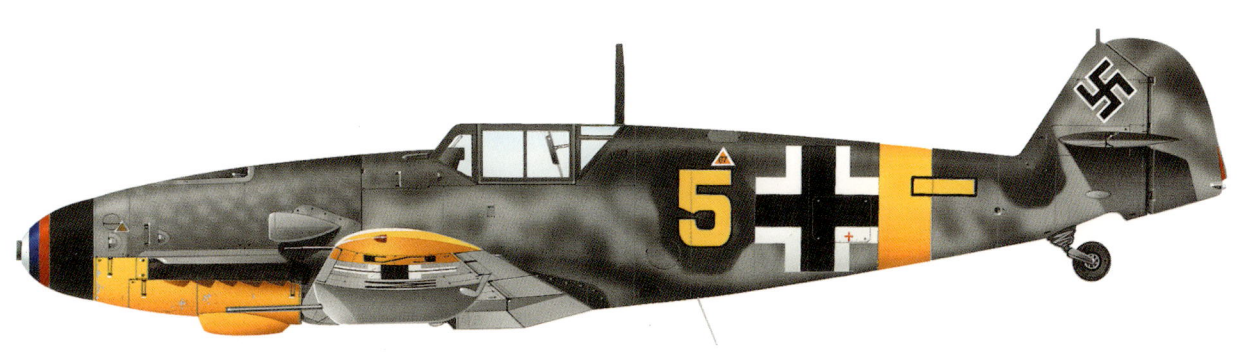

18
Bf109G-4/R6(W.Nr.14761)「黄色の5」 1943年9月 クバン アナパ
第52戦闘航空団第13(スロヴァキア)中隊 ルドルフ・ボジク軍曹

19
Bf109G-4(W.Nr.14938)「黄色の2」 1943年9月 クバン アナパ
第52戦闘航空団第13(スロヴァキア)中隊 アレクサンデル・ゲリツ軍曹

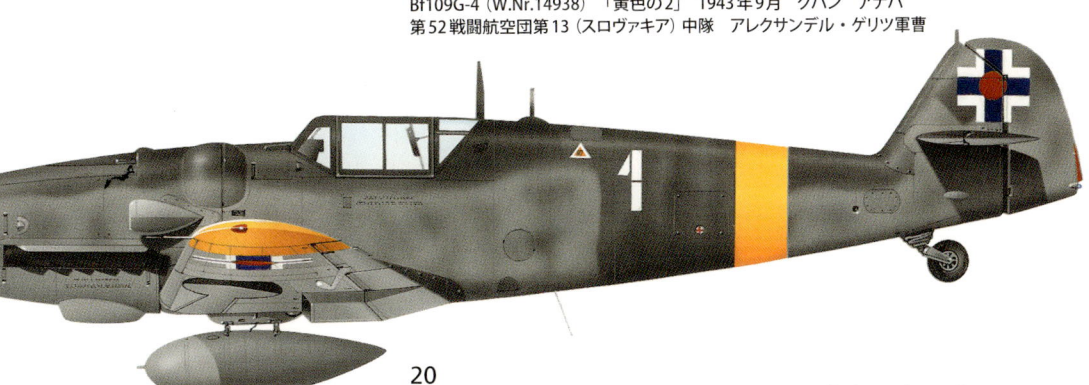

20
Bf109G-6(W.Nr.161722)「白の1」 1944年6月 スロヴァキア ピエシュチャニ
第13飛行隊 ヨゼフ・スタウデル曹長

21
Bf109G-6（W.Nr.161720）「白の3」 1944年6月 スロヴァキア ピエシュチャニ
第13飛行隊　ユライ・プスカル中尉

22
Bf109G-6（W.Nr.161728）「白の2」 1944年6月 スロヴァキア ピエシュチャニ
第13飛行隊　ヨゼフ・スタウデル曹長

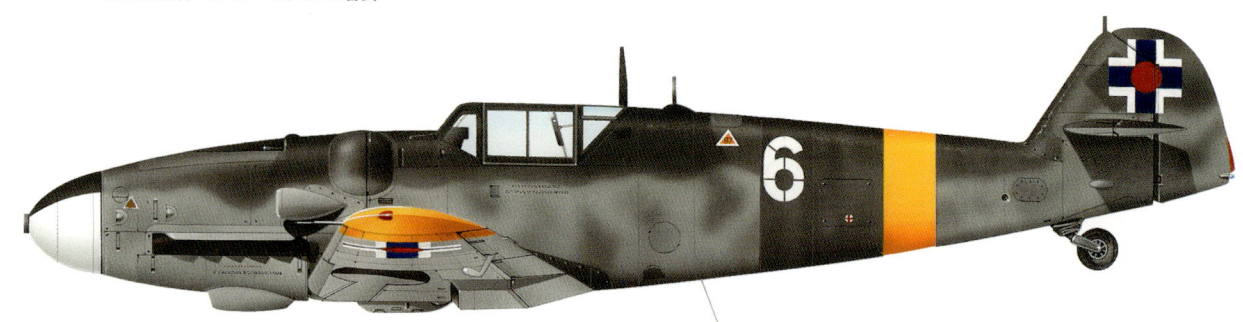

23
Bf109G-6（W.Nr.161717）「白の6」 1944年6月 スロヴァキア ピエシュチャニ
第13飛行隊　パヴェル・ゼレナーク曹長

24
Bf109G-6（W.Nr.161713）「白の10」 1944年6月 スロヴァキア ピエシュチャニ
第13飛行隊　フランティシェク・ハノヴェツ上級軍曹

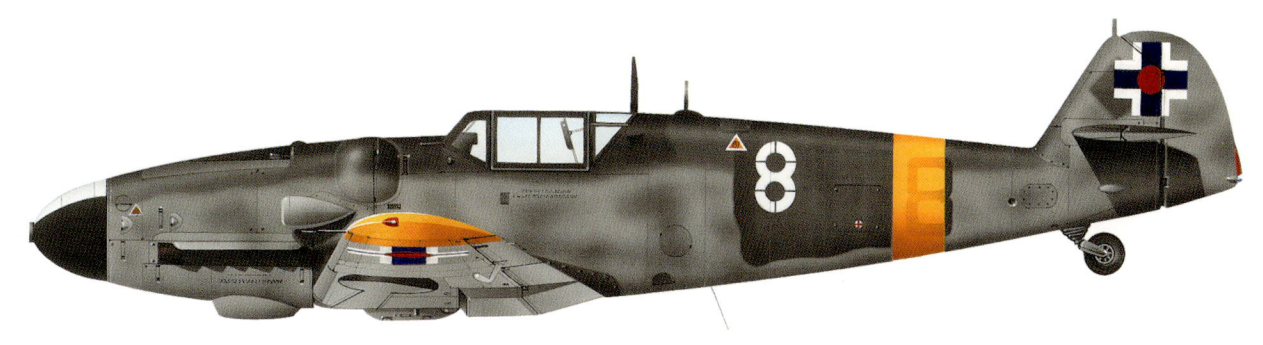

25
Bf109G-6（W.Nr.161735）「白の8」 1944年春　スロヴァキア　ピエシュチャニ
第13飛行隊　イジドル・コヴァリク曹長

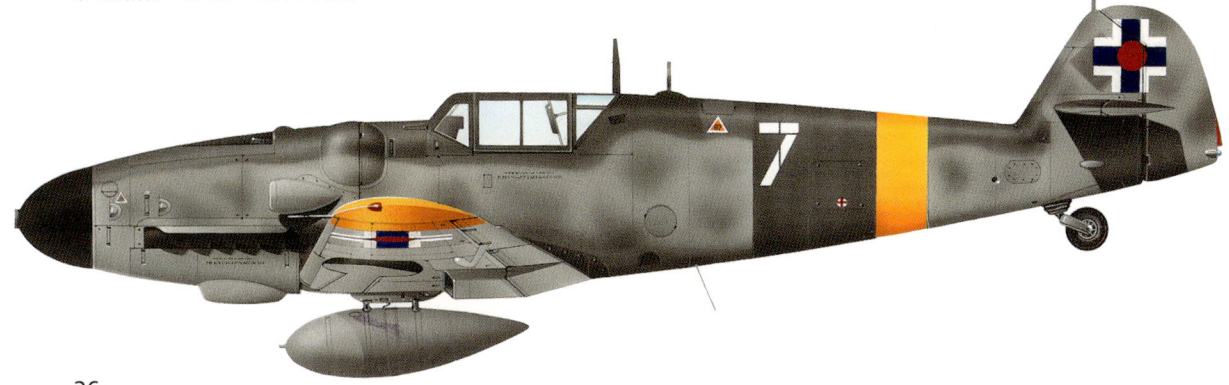

26
Bf109G-6（W.Nr.161742）「白の7」 1944年6月　スロヴァキア　ピエシュチャニ
第13飛行隊　ルドルフ・ボジク上級軍曹

27
Bf109G-6（W.Nr.161742）　もと「白の7」 1944年9月　スロヴァキア　トリ・ドゥビ
連合飛行隊　ルドルフ・ボジク上級軍曹

28
Bf109G-6（W.Nr.161725） 1944年9月　スロヴァキア　トリ・ドゥビ
連合飛行隊　フランティシェク・ツィプリヒ上級軍曹

29
La-5FN 「白の62」 1944年9月 スロヴァキア ゾルナおよびトリ・ドゥビ
第1チェコスロヴァキア戦闘機連隊 アントン・マトゥシェク上級軍曹

30
La-7(s/n 45210806) 「白の06」「Gorkovskiy rabochiy」 1945年5〜6月 プラハ
第2チェコスロヴァキア戦闘機連隊

31
La-7(推定 s/n 45212611) 「白の11」 1946年7月 スロヴァキア ピエシュチャニ
第2航空連隊 シュテファン・オツヴィルク軍曹

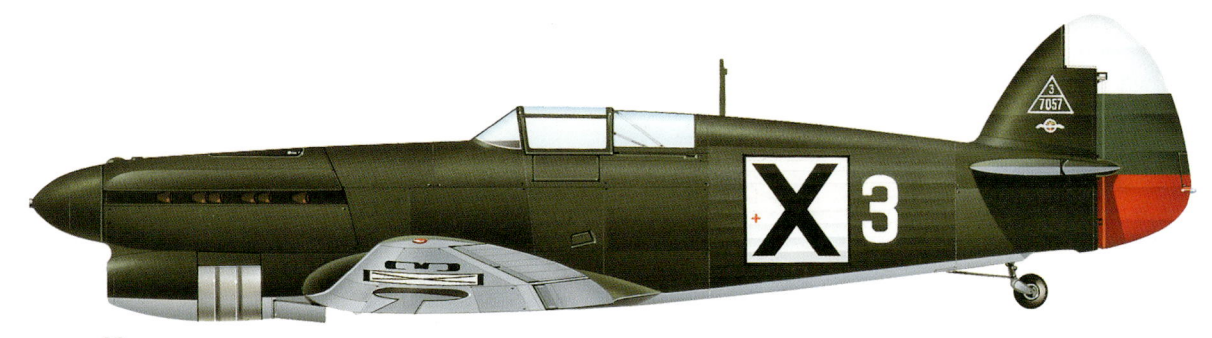

32
B135 1944年3月30日 ブルガリア ドルナ・ミトロポリア ブルガリア戦闘機操縦士学校校長 クラスティョ・アタナソヴ大尉

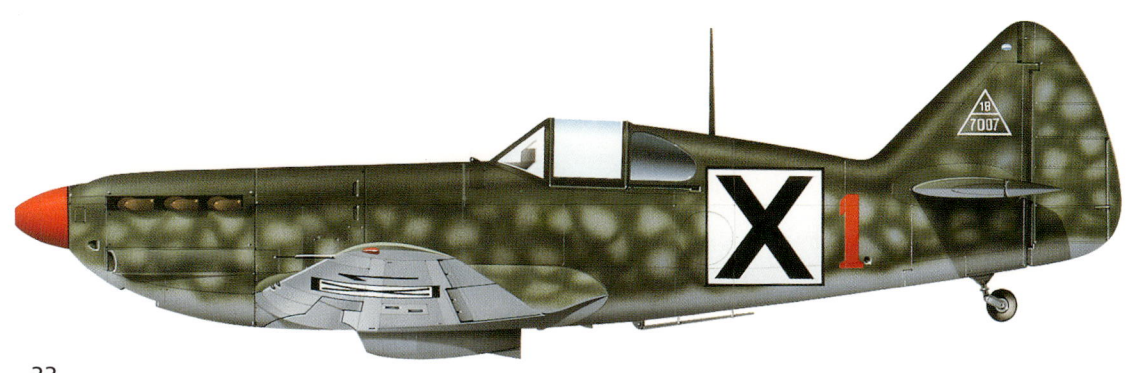

33
D.520 「赤の1」 1943年12月～1944年1月 ブルガリア ヴラジデブナ
2.6大隊第662中隊長 アセン・コヴァチェヴ中尉

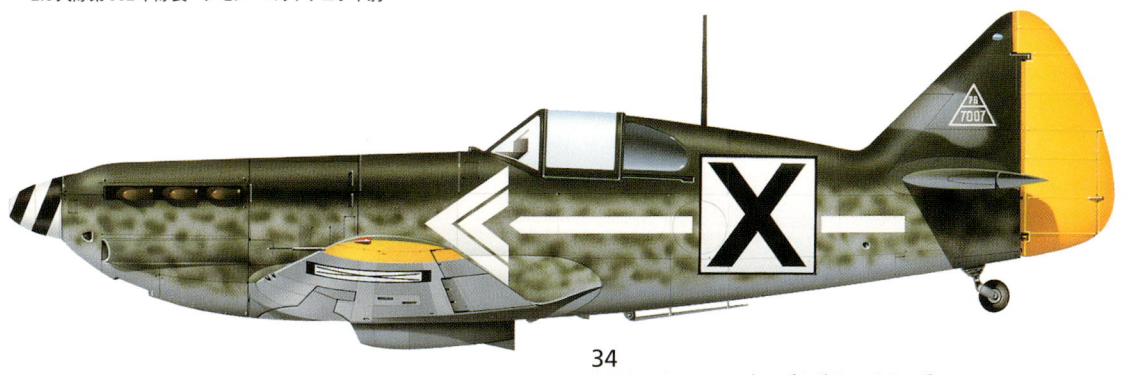

34
D.520 1943～1944年 ブルガリア カルロヴォ
所属部隊不詳

35
Bf109E-4 「白の11」 1943年初め ブルガリア カルロヴォ
3.6大隊第672中隊長 ミハイル・グリゴロヴ

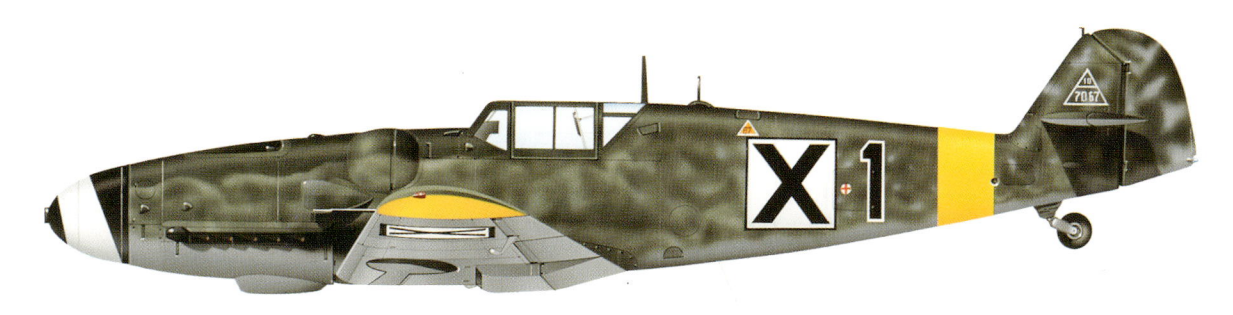

36
Bf109G-6 「黒の1」 1944年初め ブルガリア ボジューリシュテ
3.6大隊第682中隊長 ストヤン・ストヤノヴ

47

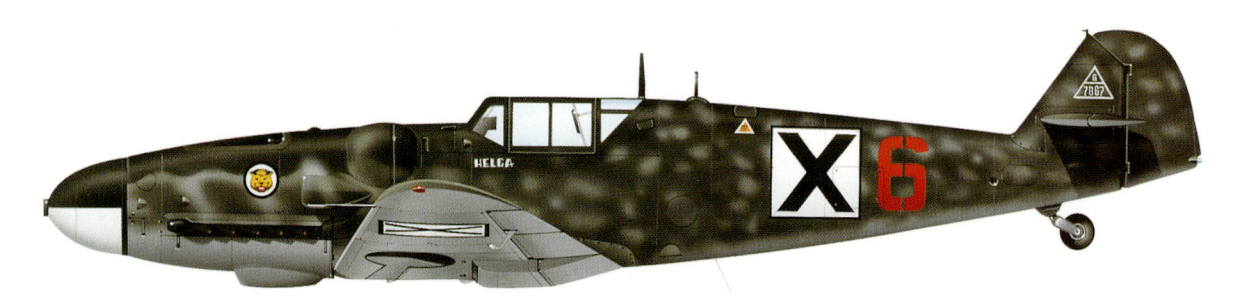

37
Bf109G-6「赤の6」 1943年12月　ブルガリア　ヴラジデブナ
2.6大隊第652中隊　S・マリノポルスキ少尉

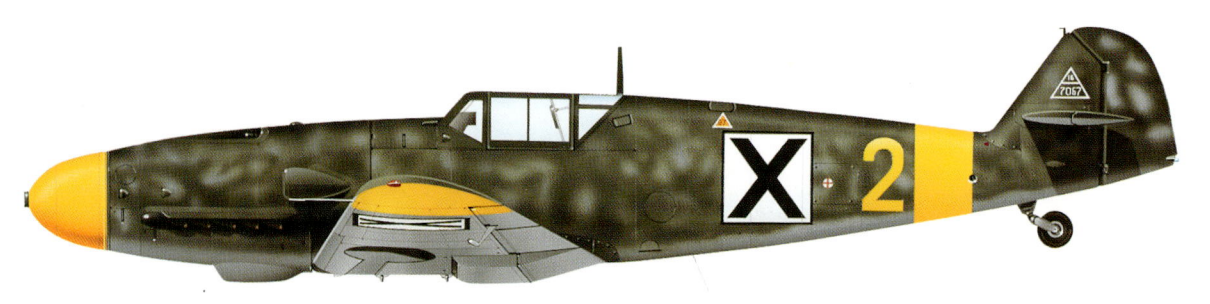

38
Bf109G-2「黄色の2」 1943年12月20日　ブルガリア　カルロヴォ
3.6大隊　ディミタル・スピサレヴスキ中尉

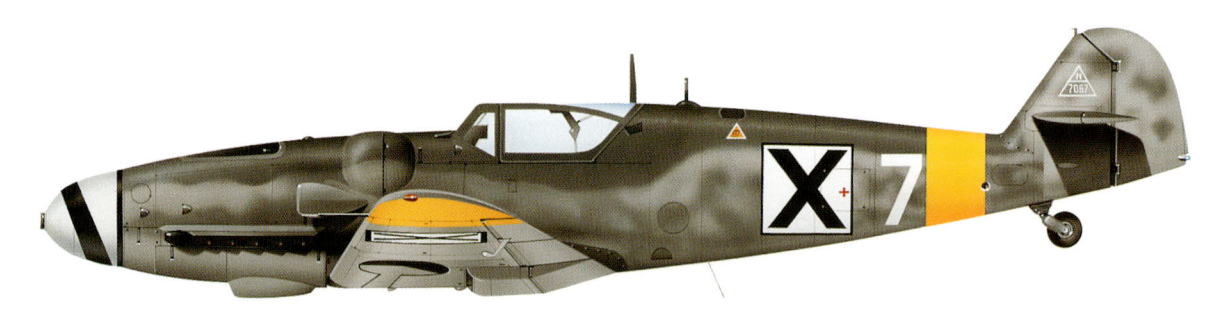

39
Bf109G-6「白の7」 1944年夏　ブルガリア　ボジューリシュテ
3.6大隊　ソモヴ中尉

応飛行隊」として知られることになる。18名のパイロットが集まり、クリシュコが隊長を、ユライ・プスカル中尉が隊長代理をつとめた。どちらも東部戦線でのエースで、それぞれ9機と5機のスコアをあげていた。

　第13飛行隊は東部戦線から帰還する際、使っていたBf109G-4を置いてこなくてはならなかった。いま、部隊は飛行機14機を擁していたものの——Bf109E-1が2機、E-2が1機、E-3が1機、E-4が6機、E-7が1機、B534が2機、Bk534が1機——これらでは高空を飛ぶアメリカ軍爆撃機やその護衛戦闘機から、スロヴァキアの空を護るには荷が重すぎた。その結果、15機のBf109G-6をドイツから受領し、これらは1944年2月11日、スロヴァキア人操縦士によりレーゲンスブルクからピエシュチャニへ空輸された。ただし、15機目は途中で損傷したため、鉄道で運ばれた。

　中央ヨーロッパ戦域の空では連合軍の活動が活発化し、スロヴァキア戦闘機との衝突の可能性が大きくなってきた。ついに4月13日、戦闘経験豊かなフランティシェク・ハノヴェツと僚機のルドルフ・ボジクは、スロヴァキアの南国境に向かって緊急出動した。だがこのとき彼らが搭乗していたのは旧型の「エーミール」で、これが思いがけない結果を生むことになった。

　国境に近づいたとき、ボジクは前方に正体不明の飛行機1機を発見、接近を開始した。最初、彼は相手の垂直尾翼が2枚あるところから、アメリカの四発爆撃機、B-24「リベレーター」だと思ったが、近づいてみて間違いに気づいた。相手は実はBf110G-2双発戦闘機（W.Nr.6397、2N+HM）で、主翼下に2つの大きな増加燃料タンクを吊っており、それと双尾翼のせいで、遠くからは四発のB-24のように見えたのだ。だがボジクが離脱しようとしたそのとき、Bf110の後方射手が撃ってきた。ボジクは撃ち返し、ドイツ機は1230時にポドゥナイスケ・ビスクピツェ付近に墜落した。後方射手はパラシュートで飛び降りたが、パイロットのヴィルヘルム・マイリンガー少尉（オーストリアのヴェルス基地駐在、第1駆逐航空団第II飛行隊所属だった）は死亡した。

　ボジクは着陸後、アメリカの四発爆撃機を撃墜したと報告し、ハノヴェツも彼の主張を裏付けた。これは問題のBf110の生き残った射手の言い分ともうまく符合したようで、彼は自分たちを撃墜したのはアメリカのP-51「マスタング」だといったのだ！

　彼の言葉によれば、攻撃してきた戦闘機の主翼端は「Bf109のように四角」だった〔Bf109はE型（エーミール）までは翼端が角型で、マスタングのそれに似ている〕。

　1944年の春を通じて、スロヴァキア軍の「グスタフ」はアメリカ軍爆撃機の巨大な編隊に対し、ほとんど連日の出撃を行った。だが、パイロットたちには秘密の指示が出ていた。国防相フェルディナント・カトロシュ大将、および陸軍参謀総長ヤーン・ゴリアン中佐が企てている反ドイツ蜂起に備えて、命を大事にしておけというもので、ゴリアンはロンドンの亡命チェコスロヴァキア政府とも連携している地下軍司令部の一員だった。

　こうした命令を実行することの難しさは、1944年6月16日、ブラティスラヴァが初めてアメリカ軍の爆撃を浴びた際の出来事に如実に示されている。この爆撃では甚大な物質的損失と、大勢の死者が出た——717人が死亡、もしくは行方不明となり、592人が負傷した。ハンガリー、オーストリア、南スロヴァキアの上空では激しい戦闘があり、双方に損失が出たが、ピエシュ

チャニから0920時に離陸したスロヴァキア軍の6機の「グスタフ」は、爆撃機を迎撃しようとしなかった。彼らはブラティスラヴァのはるか上空を旋回して、スロヴァキアの首都から立ちのぼる炎と巨大な煙の柱に、ひたすら見とれていたのだ。ただし、対空砲火はアメリカ機を2機撃ち落した。

スロヴァキア戦闘機パイロットたちの消極的な反応は厳しい批判を招いた。ドイツ空軍スロヴァキア使節団の将校団は、撃墜5機のエース、ユライ・プスカル中尉を臆病者と非難した。飛行隊長クリシュコが病気だったため、この日はプスカルが第13飛行隊を率いていたのだ。同様の非難は、飛行士たちの基地として、彼らと親密な関係にあったピエシュチャニの市民たちからも湧き上がった。これが悲劇を呼んで、数日後、「即応飛行隊」は解散することになる。

1944年6月26日朝、再びアメリカ軍爆撃機の延々と続く大編隊がスロヴァキア国境へ向かった。501機のB-24「リベレーター」と154機のB-17「空の要塞〔フライング・フォートレス〕」で、それに護衛として計290機のP-38「ライトニング」とP-51「マスタング」が随伴していた。目標はウィーン周辺の石油精製所と物資集積場だった。ドイツ軍203機、ハンガリー軍30機、スロヴァキア軍8機の戦闘機がこの編隊を迎撃すべく緊急出動したが、これはスロヴァキア地域上空におけるアメリカ軍と枢軸軍の最大の衝突となった。

スロヴァキア軍の8機の「グスタフ」は2機ずつの4個分隊に分かれ、ピエシュチャニを0840時に飛び立った。どの機にも第13（スロヴァキア）中隊で経験を積んだ東部戦線のベテランが乗り組んでいたが、いまや彼らははるかに危険な敵と対面することになった。ユライ・プスカルは「タトラの荒鷲たち」が臆病者だという評判を打ち消そうと懸命で、離陸を前に、部下たちに「今日は攻撃するぞ」と宣言した。彼の計画は単純だった——アメリカ爆撃機の一群に「見せかけ」の攻撃をかけ、ついで速やかに離脱するのだ。高

東部戦線で第52戦闘航空団第13（スロヴァキア）中隊員だったベテラン・エース6名が、いまやスロヴァキア防空を任務とする即応部隊に配属され、カメラにポーズをとる。1943年晩夏、ヴァイノリで。左から、パヴェル・ゼレナーク（スコア12機）、フランティシェク・ツィプリヒ（12機）、イジドル・コヴァリク（28機）、フランティシェク・ブレジナ（14機）、ヨゼフ・スタウデル（12機）、ヤーン・レズナク（32機）の各曹長。背景は旧式化した「エーミール」。

度4000mで彼は部下たちに酸素マスク着用を命じ、ゆるやかな編隊で高度9500mに達するや、増加燃料タンクを投下し、攻撃するよう命じた。ところが、スロヴァキア人たちは優勢なアメリカ戦闘機に圧倒されてしまい、数分のうちに万事は終わった。

W.Nr.161713「白の10」に搭乗したグスタヴ・ランク上級軍曹だけが、アメリカ機1機を撃墜することができた。彼が攻撃したのは編隊を離れたB-24H 41-28674で、第459爆撃航空群第758飛行隊に所属し、リンカーン・E・アーツ少尉が操縦していた。9名の乗員は被弾した爆撃機から脱出降下に成功し、機体はモスト・ナ・オストロヴェに落ちた。数名がスロヴァキア領内で捕虜となり、残りは国境を越えたハンガリー領で捕まった。

アメリカ軍の護衛戦闘機隊は、スロヴァキア軍迎撃機隊を文字通り空から一掃した。ランクは自分の落とした相手から離脱しようとした際、ライトニング隊に撃たれて重傷を負い、ミロスラヴィツェ・ナ・オストロヴェ付近に墜落して死んだ。プスカルの乗った「白の3」(W.Nr.161720)は3機のマスタングに襲われ、ブレストヴァニー村とホルニェ・ロヴツィツェ村のあいだに落ちた。3人目の戦死者はシュテファン・ヤンボル上級軍曹で、同じくマスタング隊に狩り立てられ、乗機「白の4」(W.Nr.161723)は炎上し、フビツェとストヴルトク・ナ・オストロヴェのあいだのハンガリー領に墜落した。パイロットの遺体は機体残骸の近くで見つかった。いくつかの報告では、彼はパラシュート降下中に機銃で撃たれたとしているが、ほかに、降下中にパラシュートが外れたため墜死したのだとする報告もある。

ドラマはまだ終わらなかった。パヴェル・ゼレナーク曹長（スコア12機）はピエシュチャニまで逃げようとしたが、11機のライトニングに地上すれすれまで追い詰められた。彼の「白の6」(W.Nr.161717)は機関砲弾1発を受け、そのあとブルノフツェに胴体着陸しようとしている最中に、弾丸の破片で背骨を折る重傷を負った。

ヨゼフ・スタウデル曹長（スコア12機）はずっと運が良かった。彼の「白の

即応部隊所属のこのBf109E-4にはフランティシェク・ブレジナ曹長（スコア14機）など、多くのエースが搭乗した。1943年秋、ヴァイノリで。（K Geletko）

即応飛行隊は1944年初めにBf109G-6に機種改変され、レーゲンスブルクのメッサーシュミット社から15機が到着した。同年春、ピエシュチャニに着いた新機の前のヤーン・レズナク曹長。（via S Androvic）

破孔が目につくこのBf109G-6 W.Nr.161718「白の5」は、1944年6月26日のアメリカ戦闘機との戦いの結果を示している。パイロットのシュテファン・オツヴィルク上級軍曹（スコア5機）はプスカルの僚機を務めていたが、マスタング2機に襲われ、主翼に被弾した。彼は直ちに乗機を急なスピンに入れ、追跡者をうまく振り切った。オツヴィルクは基地まで帰り着いたが、油圧システムが破損しているのに気づき、教科書どおりの胴体着陸をした。彼は疲れ切っていたがけがはなく、機体ものちに修理された。（via S Androvic）

1944年6月26日のアメリカ戦闘機との空戦で死んだスロヴァキア人パイロット3名の葬儀は、その3日後にピエシュチャニで営まれた。そのあとプスカル、ヤンボル、ランクの遺体は埋葬のため、それぞれの故郷へと運ばれた。

葬儀に出席したスロヴァキア空軍のトップ・エース、ヤーン・レズナク曹長。戦死した3名の戦友のひとり――たぶんグスタヴ・ランク上級軍曹――の勲章を捧持している。

縦していた。

　ツィプリヒは褒めてもらえなかった。「着陸後、私はシングロヴィチュ中尉のもとに出頭した」と、ツィプリヒは回想する。「驚いたことに、微笑みどころか、厳しく、近寄りがたい表情で迎えられた。ただひとこと、『なぜ、強制着陸させなかったか？』と訊かれて、私は頭をガンとやられた気がし、ほとんど倒れそうになった。恥ずかしながら、彼が正しいことを認めざるを得なかった。無傷の飛行機なら大いに働いてくれただろう。だがバンスカー・ビストリツァに残された金属のがらくたは、我々にとって何の役にも立ちはしなかったのだから」。

　戦闘による損傷と交換部品の不足で、使用可能機の数は急速に減ってゆき、毎日、ほんの数機しか戦闘に堪えない状況に陥った。9月の初め、ソ連軍からの増援として、8月31日の逃亡に使われた2機のBf109G-6を含む数機が到着し、スロヴァキア軍に返還された。この2機のメッサーシュミットは第13飛行隊のエースだったフランティシェク・ハノヴェツ（撃墜6機、協同撃墜1機）とルドルフ・ボジク（撃墜9機）両上級軍曹の乗機となった。

　これらの「グスタフ」は到着早々に、連合飛行隊に貴重な助力をもたらした。ツィプリヒとボジクが操縦する2機は反乱軍として最初の迎撃任務のため、トリ・ドゥビを飛び立ち、Fw189を1機撃ち落した。9月12日にはツィプリヒが「グスタフ」でJu88偵察機を攻撃し、ひどく損傷したドイツ機をブレズノ・ナト・フロノムに不時着させた。「我々は弾薬不足で困っていたので、あとでパルチザンが墜落したFw189とJu88から弾薬を取り出して届けてくれた」と、ボジクは回想している。良質の弾丸がなくて、戦闘行動に支障が出ていたのだ。

　ボジクがJu88と対戦したのは、これが二度目だった。9月9日、彼はユンカースを低空まで追尾したが、追いついた直後に機銃が動かなくなった。彼の「グスタフ」にはJu88の射手からの弾丸が28発命中し、油圧系統と方向舵が損傷を受けた。交換用の部品が足りず、飛べなくなって地上にあった「グスタフ」は3日後、トリ・ドゥビにドイツ空軍の空襲があった際に完全に破壊されてしまった。ボジクは侵入者を迎え撃とうと、もう1機の「グスタフ」

1944年の反ドイツ蜂起の当初、連合飛行隊が自由に使える戦闘機は2機のBf109E-4と4機のB534にすぎなかった。トリ・ドゥビで撮影された、反乱軍マークを描いたこのB534で、かつての東部戦線でのエース、フランティシェク・ツィプリヒは9月2日、ハンガリー軍のJu52/3m輸送機を1機撃墜した。彼の勝利は、この固定脚複葉機による最後の撃墜だったと思われる。（UDML）

フランティシェク・ツィプリヒが落としたハンガリー軍のJu52/3mは、反乱期間中、蜂起側による最初の空中勝利だった。この三発輸送機はハンガリーのブダエルシュから占領下ポーランドのクラクフへ向かう途中で迎撃された。機体は損傷を受け、バンスカー・ビストリツァに近いラドヴァンに着陸しようとしたが、不時着した。乗客のうち2名が死亡、機長ジョルジョ・ガチ中尉を含む残る4名が捕虜となった。数日後、ツィプリヒはJu88を1機撃墜、Fw189を1機協同撃墜した。（UDML）

で飛び上がったが、またもや機銃が故障した。にもかかわらず彼は急降下するユンカースに攻撃動作をとって見せて、ドイツ機に狙いを外させた。

16日にはボジクにつきが回ってきた。1機だけ残った「グスタフ」で単機のJu88に攻撃をかけると、3回目の突進で敵は発火し、ノヴァ・バニャの森に墜落した。10月4日、ボジクはFw189偵察機を追い、突進3回ののち、これをトゥルチアンスキ・スヴァティ・マルティン付近に撃墜して、反乱軍「グスタフ」による最後の勝利を収めた。

ついに、フランティシェク・ファイトル参謀大尉（もとイギリス空軍第122、第313飛行隊長）を指揮官とする「第1チェコスロヴァキア戦闘機連隊」が蜂起に加わってきた。9月17日、そのラーヴォチキンLa-5FN戦闘機20機は中部スロヴァキアのゾルナ飛行場に着陸し、同連隊は母国に再び戻った最初のチェコスロヴァキア正規軍部隊となった。以後、同連隊はブレズノ・ナト・フロノムとトリ・ドゥビから行動した。このエリート部隊はすぐさまその存在感を発揮しはじめ、連合飛行隊は疲れ果てた飛行機を修理するための小休止を得ることができた。

ソ連軍指揮下にあるこの連隊の人員の大部分は、以前イギリス空軍に勤務していた経験豊かなチェコ人戦闘機パイロットだったが、スロヴァキア人も2名いた。アントン・マトゥシェク上級曹長（撃墜12機）とルドヴィット・ドブロヴォドスキー上級軍曹（同1機）である。両名とも1943年9月9日に、第52戦闘航空団第13（スロヴァキア）中隊からBf109G-4でソ連側に脱走した人物で、いまや蜂起に全面的に加わることになった。ドブロヴォドスキーはFw189を1機、公認撃墜してスコアを伸ばしさえした。

蜂起は結局、失敗に終わり、その前に一部の反乱飛行士たちは空路ソ連に脱出した。トリ・ドゥビもドイツ軍の「シル戦闘集団」が接近してきたため、10月25日に放棄せざるを得なくなった。連合飛行隊と第1連隊の使用不能機は破壊されたが、残りの機体はソ連軍前線まで行こうと試みた。10月27

フランティシェク・ツィプリヒはソ連、ドイツ、ハンガリー機のいずれをも撃墜した、たぶん唯一のパイロットだった。総スコアは14機、それに協同撃墜が1機あった。叙勲はスロヴァキア戦勝銀十字勲章、軍功銀十字勲章、銀・青銅各英雄勲章、ドイツ鉄十字章1級および2級、クロアチアのズヴォニミル王銀メダル、チェコスロヴァキア戦争十字章、チェコスロヴァキア勇敢メダル、スロヴァキア民族蜂起勲章1級、それにソ連の対ドイツ戦勝メダル。現在はスロヴァキアのトレンチーンに住んでいる。（via M Fekets）

上●1944年9月6日、2機のBf109G-6（W.Nr.はそれぞれ161742と161725）がソ連の後背地域から飛び立ってスロヴァキアに戻ってきた。操縦者はルドルフ・ボジクとフランティシェク・ハノヴェツ両上級軍曹で、蜂起側の連合飛行隊を強化するのが目的だった。トリ・ドゥビに着いて数分で彼らは発進させられ、Fw189偵察機1機を撃墜した。写真はW.Nr.161742（もと「白の7」）のコクピットに納まったボジク。この機で彼は1944年6月26日のアメリカ戦闘機との空戦から生き残った。第13飛行隊員時代、「ルド」・ボジクは公認スコア9機──ソ連機8機と、誤認で落とし、アメリカ機と報告したドイツ機1機──をあげていたが、連合飛行隊でさらにドイツ機2機をスコアに加え、ツィプリヒと協同でも1機を撃墜した。(UDML)

下●1944年9月7日、蜂起地域上空への出撃を終えてトリ・ドゥビに帰還したフランティシェク・ブレジナ（スコア14機）。3日後、このBf109G-6 W.Nr.181725はドイツ軍の空襲によって地上で破壊され、ただ1機残ったスロヴァキア軍「グスタフ」（W.Nr.161742）も1944年10月25日、トリ・ドゥビがドイツ軍部隊に包囲された際に失われた。陥落が決定的となった基地から、アウグスティン・クボヴィツ上級軍曹（東部戦線でスコア1機）の操縦で慌ただしく飛び立った「グスタフ」は、ソ連占領地域に向かう途中、東部スロヴァキアのステファノフツェ村付近に墜落した。(via S Spurny)

日、スロヴァキア蜂起の中心地バンスカー・ビストリツァが陥落し、組織された軍事的抵抗は終わった。スロヴァキアに残った反乱空軍の隊員たちは、それぞれの故郷に逃げるか、もしくはパルチザンや地上部隊とともに、低タトラ山群の森林にたどり着いた。その地で彼らは1944年から45年にかけての冬、活発なゲリラ戦を展開し、進撃中の赤軍が春になって到着するまで続けた。

空中戦闘群のスロヴァキア人飛行士たち、自分の意思でソ連側に飛んでいた人々、それに反乱中に歩兵として戦った人々を基幹として、赤軍の監督のもと、プシェミシルで一部隊が創設された。第1チェコスロヴァキア混成航空師団がそれで、ルドヴィク・ブディン中佐を司令官とし、1945年1月25日に公式に発足した。ソ連側から必要な補強を受けたのちのこの師団は、司令部と3個の航空連隊、それに諸支援部隊からなっていた。

ポーランドのカトヴィーツェで訓練を終えたのち、第1戦闘機連隊（La-5FNが32機）と第3地上攻撃連隊（Iℓ-2「シュトゥルモヴィーク」33機）は4月12日と13日にかけて、シュレージエンの前線から20km離れたポレンバ飛行場に移動した。第2戦闘機連隊はLa-5FNとLa-7を装備していたが、クラクフ＝バリツェに残留し、以後の戦闘には参加しなかった。最初の出撃は4月14日に行われ、16機のシュトゥルモヴィークを18機のラーヴォチキンが護衛して、ポーランドとチェコの国境、オルザ付近のドイツ軍機甲旅団と野砲陣地を攻撃した。その後も5月2日まで、ラーヴォチキンに守られたシュトゥルモヴィーク地上攻撃機は、オストラヴァ、オパヴァ、チェシン地区のドイツ中央軍集団の諸部隊に猛攻を加えた。空中でのドイツ軍の抵抗はすでに極めて微弱になっていて、師団の戦闘機隊はついに1機の敵にも遭遇しなかった。

1945年5月8日、ドイツは降伏。そのあと師団全部隊は解放されたチェコ

ルドルフ・ボジクは第二次大戦でソ連機とドイツ機の両方を撃墜したエースだった。写真は1944年の蜂起当時、トリ・ドゥビでBf109G-6 W.Nr.161742（もと「白の7」）に乗り組むところ。戦後、ボジクはチェコスロヴァキア空軍で再び飛行任務に就いたが、1946年7月2日、クレムKℓ35D練習機で墜落し、重傷を負った。その後は飛行理論を教える教官となり、1958年に大尉で退役した。(UDML)

蜂起軍のBf109G-6 W.Nr.161725の翼上に立つ武装係主任カロル・ドゥベン上級曹長。1944年9月7日、トリ・ドゥビで。この機体にはハノヴェツ、ツィプリヒに加え、ボジクやブレジナなどのエースも搭乗した。この写真撮影から3日後、本機はトリ・ドゥビでドイツ軍の空襲により破壊された。(UDML)

スロヴァキアの反乱者たちへの援軍として、1944年9月17日、第1チェコスロヴァキア戦闘機連隊の20機のLa-5FNが到着した。連隊のパイロットのほとんどは、1944年の初頭までイギリス空軍に属して戦っていたチェコ人だったが、スロヴァキア人も2人いた。もと第52戦闘航空団第13（スロヴァキア）中隊員で、1943年9月9日、飛行機ともどもソ連に逃亡したアントン・マトゥシェク上級曹長とルドヴィット・ドブロヴォドスキー上級軍曹だった。同連隊はゾルナ、ブレズノ・ナド・フロノムを基地とし、最後に、この写真が撮影されたトリ・ドゥビに落ち着いた。（L Valousek）

スロヴァキア到着後間もなく、哨戒飛行する第1チェコスロヴァキア戦闘機連隊のLa-5FN戦闘機3機。この部隊の熟練したパイロットたちは蜂起地域の制空権をすみやかに獲得し、1機の損失もなしにドイツ機13機を撃墜した。（L Valousek）

1945年、ガリツィアのプシェミシルでのLa-5FN。スロヴァキア人パイロット少数がこの機種の飛行訓練を受け、のちに第1と第2、両チェコスロヴァキア戦闘機連隊で勤務し、また在ソ連の第1チェコスロヴァキア混成航空師団の戦闘機部門にも配属された。ツィプリヒ、ボジク、パラティツキー、オツヴィルクなどのエースも、これらの部隊で飛んでいた。(A Droppa)

スロヴァキアに集結を始め、5月14日から25日までかけて、プラハ=レトナニ飛行場に移動した。6月1日にはチェコスロヴァキア大統領、エドヴァルト・ベネシュ博士臨席のもと、プラハ=レトナニで空中分列式が挙行され、7月20日には師団は赤軍との提携を終了した。それから間もない1945年8月1日、師団は新生チェコスロヴァキア空軍の第4航空師団となった（新空軍の他の4個師団——第1、2、3、6——は、イギリスから帰還したチェコスロヴァキア飛行隊から編成された）。こうしてチェコ人とスロヴァキア人は、6年前に針路を分かった地点に立ち戻ったのだった。

chapter 4

上位3名のスロヴァキア・エース
TOP THREE SLOVAKIAN ACES

ヤーン・レズナク
Jan Reznak

スロヴァキア航空隊の最高のエースは1919年4月14日、ヤブロニツァで

生まれた。学業を終えて電気技術者となり、1938年4月から8月までスロヴァキア航空クラブで飛行訓練を受けた。やがてチェコスロヴァキア空軍に兵として入隊し、スピシュスカ・ノヴァ・ヴェスの第II飛行学校で基本的軍事教育を受講した。続いて下士官および戦闘機パイロット教育を受け、まさにスロヴァキアが独立しようとしていたそのころ、操縦徽章を獲得した。1939年12月、兵長に昇進したばかりのレズナクはピエシュチャニの第13飛行隊に配属され、そこでB534戦闘機の操縦士となった。

1941年6月から8月まで、レズナクは東部戦線に勤務して最初の服務期間を完了、そのあいだにウクライナ上空へ13回の出撃を行った。ソ連空軍が弱体化していたため、空戦はたまにしか起こらず、この未来のエースも最初の服務期間中には一度しか空戦を経験できなかった――しかもその相手はソ連機ではなく、スロヴァキアの同盟国のハンガリー機だった！

1941年7月29日、ハンガリー軍1/3戦闘飛行隊のフィアットCR.42が1機、トゥルチン飛行場上空に現れ、これを敵だと見誤ったドイツ軍の基地司令は、スロヴァキア軍警急飛行隊3機を迎撃のため緊急発進させた。レズナクだけが「侵入者」を発見でき、遠距離から射撃を開始した。このころ2機の飛行機はもうフィアットの基地に近づいていて、対空砲火が打ち上げられたため、レズナクはやむなく離脱した。この要領を得ない最初の遭遇から彼が深く心に刻んだのは、射撃する前にもっと接近すべしということだった。

Bf109への転換教育をデンマークで受けたのち、1942年10月にレズナクは東部戦線に戻った。そこで1943年7月まで、彼は第13飛行隊の最初の前線チーム（「第52戦闘航空団第13（スロヴァキア）中隊」と命名）に所属し、ほとんど連日戦った。1943年1月17日には最初の撃墜を記録したものの、同日行われた次の出撃では、優勢なLaGG-3の群にクラスノダール上空で捕捉されてひどく撃たれ、こんどは自分が撃墜されてしまった。乗機は60発の機銃弾と3発の機関砲弾を浴びていたが、彼自身はけがもなく、Bf109E-4 W.Nr.2787でどうにか基地まで戻ることができた。レズナクは以後、戦闘でこの種のつきに恵まれ続けることになる。

1943年2月3日、彼はコヴァリクとともに、スラヴィヤンスカヤからドイツの将軍を乗せて飛ぶJu52/3mを護衛するよう命じられた。滑走路面には深いわだちが刻まれていて、彼が離陸しようとした瞬間、Bf109F-4 W.Nr.13367は両車輪とも壊れてしまった。彼は脚を引き込もうと試みたが、機速が不十分で、翼端が地面に触れ、「フリートリヒ」はグランドループし、大きく揺れて急停止した。レズナクにけが

ドイツ黄金十字章を受けた直後の、スロヴァキアの「エースの中のエース」ヤーン・レズナク。1943年の前半、彼は5回不時着し、2回撃墜されながらも、32機のソ連機を撃ち落とすことに成功した。現在、レズナクはかつて第13飛行隊の基地があったスロヴァキアのピエシュチャニに住んでいる。(via S Androvic)

はなかったが、コクピットから出ようとしたそのとき、ソ連のLaGGとMiGが飛行場を襲ってきた。レズナクは壊れた飛行機のうしろに隠れ、盾になった機体は連射弾を浴びたものの、彼は無傷のままだった。

1943年2月15日、彼はまたもつきを延ばした。Bf109F-4 W.Nr.7088で索敵出撃し、スラヴィヤンスカヤに戻って接地の直前、ドイツ軍のJu87Dが彼の前を横切ったのだ。注意力を集中していたため、彼はその上をどうにか「飛び越える」ことができたものの、結局は落下着陸となり、機はコクピットの後ろで胴体を折ってしまった。このときもレズナクは微傷も負わなかった。

二日後、彼はアラドAr66複葉機で飛行中、アゾフ海の上でエンジンが停止した。レズナクは滑空して浮氷の上に降りることに成功したが、直後に飛行機は沈んでしまい、ボートに乗ったドイツ兵が、彼と同乗者を救助するのにあやうく間に合った。

3月25日、またまた彼は死をまぬがれた。レズナクのBf109G-2 W.Nr.13743はソ連軍のPe-2の射手にエンジンを撃たれ、そのため急降下に入ったが、引き起こして、タマン南東約10kmの綿畑に胴体着陸した。機体は使用不能となり、レズナクは額にこぶを作り、また右肩に打撲傷を負った。

2回目の服務期間中、レズナクは194回出撃し、36回の空戦に加わり、公認撃墜32機──LaGG-3を16機、I-16を5機、I-153を4機、MiG-3を3機、DB-3を2機、Pe-2とYak-1を各1機──のスコアをあげた。別に不確実が3機あった。これらの戦果により、彼は第二次大戦のスロヴァキア空軍で最も成績をあげた戦闘機パイロットとなった。

その抜群の戦功に対して、レズナクは多数の叙勲を受けた──スロヴァキア戦勝銀十字勲章、軍功銀十字章、金・銀・青銅各英雄勲章、ドイツ鉄十字章1・2級、ドイツ名誉杯、黄金ドイツ十字章、それにクロアチアのズヴォニミル王銀メダル。階級でも曹長に進級した。

スロヴァキアに帰還後のレズナクは即応飛行隊に勤務し、さらに22回の防空出動を行ったが、スコアを伸ばすには至らなかった。1944年4月6日にはもう一度事故を起こしている。Fi156C-3「シュトルヒ」(W.Nr.371)でピエシュチャニに着陸した際、突然操縦ペダルが動かなくなり、飛行機は逆立ちしてプロペラと主翼を破損した。レズナクはまたも無傷だった。蜂起の際は、ドイツ軍占領下の西部スロヴァキアにいたため参加せず、その地で終戦を迎えた。

新生チェコスロヴァキア空軍に加わったレズナクはプロステヨフの飛行学校に勤務したが、1948年、「人民民主主義に対する否定的態度」のかどで除隊させられた。ゲルトホーフェルの世話で飛行クラブの指導員の職を得たものの、1951年には国家保安警察に操縦免許証を剥奪された。その後のレズナクは設計技師、また検査技師として、最初はポヴァシュスカ・ビストリツァで、ついでピエシュチャニで働いた。1979年に引退し、現在はピエシュチャニに住んでいる。

イジドル・コヴァリク
Izidor Kovarik

イジドル・コヴァリクは1917年3月29日、コプツァニーで大工の息子に生まれた。1930年代末に空軍に入り、親友レズナクと同期でパイロット教育を修了した。1939年12月に第11飛行隊に配属され、1942年6月から同年

イジドル・コヴァリクは東部戦線で勇敢に戦い、ソ連機28機を撃墜したが、母国に帰ってGo145複葉練習機を操縦中に墜死した。(via M Fekets)

9月まで東部戦線で戦い、ジトミルとオヴルチ地区のパルチザンに対する作戦支援を行った。乗機はB534で、実戦に八度出撃し、敵軍に機銃掃射と爆撃を加えた。

コヴァリクの東部戦線での二度目の服務は1942年10月、第13飛行隊の最初の前線チームで、戦闘機ではなく、プラガE241連絡機のパイロットとして始まった。のちに使用機はBf109Eに進み、やがてカフカスとクバン上空の戦闘で、公認撃墜28機——LaGG-3が9機、Yak-1が6機、I-16が6機、I-153とIℓ-2が各2機、MiG-3、DB-3、ボストンが各1機——をあげた。最も戦果の多かった1943年5月29日には4機のYak-1を落としている。1943年3月14日には一度だけ、撃墜される体験もした。地上攻撃に出て弾薬を使い果たし、レズナクとともに帰還する途中、レズナクはDB-3の編隊を攻撃し、1機を撃ち落した。レズナクへの防御銃火を少しでも自分に引きつけようと、弾倉が空っぽなコヴァリクも、ソ連機編隊を攻撃した。コヴァリクのBf109G-2（W.Nr.10473）は被弾し、アフタニゾフスカヤ付近の湿地にやむなく不時着、飛行機は壊れたものの、彼は負傷もなく脱出できた。

コヴァリクも、スロヴァキア戦勝銀十字勲章、軍功銀十字章、金・銀・青銅各英雄勲章、ドイツ鉄十字章1・2級、ドイツ名誉杯、黄金ドイツ十字章など多くの栄誉を受けた。曹長に進級したこともレズナクと同じだった。

スロヴァキアに帰還後、コヴァリクは即応飛行隊に勤務し、1944年4月には、トリ・ドゥビにあるスロヴァキア空軍飛行学校の教員となった。だが蜂起直前の1944年7月11日、ゴータGo145複葉練習機で訓練飛行中に、主翼がなぜか折れ、飛行機はトリ・ドゥビの近くに落ちた。コヴァリクと練習生はいずれも死亡した。

ヤーン・ゲルトホーフェル
Jan Gerthofer

戦前、すでに経験豊かなパイロットだったヤーン・ゲルトホーフェルは1910年5月27日、マラツキー近郊のラープに生まれた。1927年にチェコスロヴァキア空軍に入り、スロヴァキアが独立宣言した当時は、モラヴィアのブルノ駐屯の第83飛行隊（第5航空連隊の一部）の上級曹長で、爆撃機パイロットとしてマルセル・ブロックMB.200とフォッカーFXIを飛ばしていた。

その後、ゲルトホーフェルはピエシュチャニの技術飛行隊（のちに予備飛行隊）に勤務し、ついで第11飛行隊でB534のパイロットとなった。1941年夏には初めて東部戦線へ、ただし連絡機のパイロットとして配属が命じられた。1941年9月には少尉に進級した。

デンマークでBf109への転換教育を終えたのち、ゲルトホーフェルは第13飛行隊の最初の前線チームで指揮官代理となり、1942年10月から1943年7月まで、カフカス、クバン、黒海、アゾフ海上空で戦った。出撃175回、空戦36回で、26機の撃墜——LaGG-3が8機、Iℓ-2が5機、I-16とYak-1各4機、エアラコブラが2機、ボストン、Pe-2、La-5が各1機——を公認されている。別に不確実が5機ある。危険な相手と見なされていたエアラコブラを、スロヴァキア人パイロットでは初めて撃墜したのも彼だった。

ゲルトホーフェルはスロヴァキア戦勝黄金十字勲章、軍功銀十字章、銀・青銅各英雄勲章、ドイツ鉄十字章1・2級、ドイツ名誉杯、クロアチアのズヴォニミル王銀メダル、ルーマニアの戦功黄金十字章を贈られ、スロヴァキア帰

還を前に中尉に進級した。

1944年8月31日、ゲルトホーフェルはユンカース W34 輸送機にアウグスティン・マラル大将を乗せて、ヴァイノリからイスラに飛んだが、そこで2人とも、マラルの部隊を武装解除中のドイツ軍に拘束された。ゲルトホーフェルはオーストリアのカイザーシュタインブルッフにあった捕虜収容所、第XVIIA捕虜収容所(シュターラグ)に送られ、解放されたのは1945年2月になってのことだった。

戦後、ゲルトホーフェルは新生チェコスロヴァキア空軍に加わり、スピシュスカ・ノヴァ・ヴェスの訓練飛行隊で指揮官を務め、その後ピエシュチャニで基地副司令となった。1947年7月には民間輸送機パイロットに転じ、ダグラスC-47「スカイトレイン」で、スロヴァキア国民委員会や軍事委員会の面々を運んだ。だが1951年6月、政治的理由により解雇され、手工労働者、技術管理者および計画者として職を得た。1991年8月9日、ポドブレゾヴァで死去。

ヤーン・ゲルトホーフェルは初めスロヴァキア航空隊の爆撃機パイロットだったが、のちに公認撃墜26機をあげ、第三位のエースとなった。

chapter 5
目標・ソフィア
TARGET SOFIA

　Bf109は180度の急旋回をした。10kmほど前方の列になった点々は急速に大きくなり、巨大な四発爆撃機編隊の形を見せはじめた。ブルガリア王国空軍(Vazdushni Vojski)のストヤン・ストヤノヴ中尉は、アメリカ軍爆撃機編隊の凄まじい防御銃火を、たったいま体験したばかりだった。正面から攻撃する決意を固め、スロットル全開で爆撃機編隊に突進してゆくBf109が接近する相対速度は時速1000kmにも達していた。

　Bf109のスピナーから火砲発射の閃光がほとばしり、先導するB-24の機首透明風防が砕け散った。2機の飛行機はこのままでは衝突するため、ストヤ

写真のBf109E-4は1940年、ブルガリア第6戦闘機連隊で使用するために引き渡された19機のメッサーシュミットの一部である。

ノヴはやむなく上昇し、同時にB-24のパイロットも操縦輪を前に押した。メッサーシュミットは通りがけに爆撃機の巨大な胴体を機関砲と機銃で孔だらけにし、6mにも満たない距離ですれ違った。数分後、このB-24は墜落した。これが第二次大戦で、連合軍機がブルガリア戦闘機に落とされた最初の機体となった。1943年8月1日のことで、「リベレーター」の編隊はルーマニアのプロイエシュティ油田への攻撃から帰るところだった。

ブルガリアは空の戦いに未経験ではなかった。実際、ブルガリアのパイロットは飛行機が関係した最も初期の戦いのひとつに参加している。だがこの国が軍事航空に関心を抱いたのはもっと古く、1892年にあるブルガリア人士官がフランスの気球で空に昇っている。陸軍省は1906年、鉄道技術大隊内に飛行分隊を設置した。間もなく独立の飛行分隊が編成され、1912年10月、ギリシャ、セルビア、モンテネグロにブルガリアが加わって、オスマン帝国［トルコ］を相手に戦った第一次バルカン戦争が勃発した際には、ブルガリアは29機の飛行機を擁していた。しかし資格をもったパイロットは12名だけで、うち8名が外国人だった。

10週間の戦いで、ブルガリア軍飛行機は偵察と観測飛行にあたった。また1機のアルバトロス複葉機はアドリアノープル（現・トルコ領エディルネ）に小型爆弾を投下し、6人を死傷させたが、これは世界最初の空からの爆撃のひとつだった。戦争は1913年5月に終わったが、1カ月後、今度はブルガリアがセルビアを攻撃し、第二次バルカン戦争が始まった。トルコとルーマニアがセルビア側に味方したこの戦いでは、飛行機の出番はほとんどなかった。そのあとの平和条約で、ブルガリアはマケドニアを含む領土を割譲させられた。

この敗戦により、ブルガリアの軍事航空も再編成され、国営の航空機工場も1917年にようやく発足した。その2年前、ブルガリアは失った領土を回復する願望をこめて、中欧同盟［ドイツとオーストリア・ハンガリー帝国］に加盟していた。とはいえブルガリアの空中戦力はまだ弱体で、カイゼルのドイ

ツに援助を請わなくてはならなかった。1916年の春、フォッカー EIII 単葉機3機がソフィア防衛の援軍として到着した。1917年になると空での戦いは激化したが、そのころブルガリア軍とドイツ軍はサロニカ戦線に35機の飛行機を擁し、対するイギリス、フランス両軍は60機だった。1918年になると、連合国軍は200機を動員できたのに、中欧同盟軍はわずか80機しかもたなかった。その後、ドイツは西部戦線での春季攻勢を支援するため、ほとんどの部隊を引き揚げてしまい、無力なブルガリアは休戦を求めることを余儀なくされた。

厳しい条件
Harsh Terms

1919年11月、ヌイイーで調印された講和条約はブルガリアに厳しい条件を課した。戦前の領土の8パーセント［マケドニア・エーゲ海沿岸地方など］を失った上、以後20年間、軍用機をもつことも製造することも禁止された。制約は民間機にまで及んだ。エンジンの出力は180馬力以下で、また購入先も戦勝国であるイギリス、フランス、イタリアからでなくてはならなかった。

当然ながら、こうした制約を潜り抜ける試みがされ、若干の潜在的軍事力と、訓練されたパイロット要員を維持してゆくため、ひそかに数機の飛行機が破壊されずに残された。1923年、ブルガリアは国際民間航空協定を批准した。翌年には航空条例がつくられ、外国機25機が導入された。その一方で、秘密のうちに小規模ながら再軍備も進められていた。ドイツの協力のもと、国産航空機工業も発展を始め、国立の航空機工場DAR（Darzhavna Aeroplanna

Bf109が就役する以前、ブルガリア王国空軍（Vazdushni Vojski）戦闘機隊の中核をなしていたのは、チェコ製の旧式なB534だった。

Rabotilnitsa）が、ソフィアから11km離れたボジューリシュテに設立された。初めのうちは定評のある機体の設計を模倣していたが、やがて独自の製品を作り出すようになった。

　二番目の工場は1926年、チェコのアエロ社がカザンリクに設立し、1930年にはその経営権がイタリアのカプロニ社に移った。イタリアで設計された機体を、ライセンスを得て製造しようという狙いだったが、実際には独自設計の機体を作り出していた。飛行機は表向きは民間用ながら、小型で多用途に使え、その軍事的な潜在能力は明らかだった。実際、これらはパイロットや観測士、および射手を訓練する目的に多数が使われた。1930年代の半ば、国王ボリスⅢ世はヌイイー条約の制約を事実上無視して、再軍備政策を推し進めた。そして1935年7月28日、陸軍大臣は新ブルガリア空軍（Vozdushni Voiski）を公式に創設した。

新型機の到着
New Aircraft Arrive

　1936年、ヒットラーは新空軍に12機のハインケルHe51B戦闘機と、同数のHe45偵察機を提供した。翌年には12機のアラドAr65戦闘機と、12機の旧式なドルニエDo11双発爆撃機も到着した。これらの飛行機は、ヘルマン・ゲーリング国家元帥からボリスⅢ世への個人的な贈り物だった。

　1938年7月、ブルガリアは空軍の存在を公にできるよう、軍備制限の撤廃について、バルカン同盟とのあいだで合意に達した。ほとんど同時に、ソフィア政府はポーランド製のPZL P.24B戦闘機多数を含む武器を購入するため、フランスの銀行から3億7500万フランの借款に成功した。だがブルガリア空軍の最大の収穫は、ドイツがチェコスロヴァキアを占領したのちにもたらされた。解体されたばかりのチェコ空軍から、ブルガリアはB534戦闘機78機に加え、爆撃機、偵察機、練習機をも受領したのである。

左頁下● 1941年夏、ヴラジデブナ飛行場での緊急出撃演習の際、担当のB534に走り寄る地上勤務員たち。

B534は固定脚で轍間距離が狭く、着陸が容易でない飛行機だった。写真のような光景はブルガリア中のさまざまな草地の飛行場で、たびたび繰り返された。これは1942年秋、飛行練習の最後に逆立ちしてしまったゲロヴ少尉機。

到着して間もないD.520戦闘機の前で、今しがたの飛行について論議する2.6大隊員たち。1943年初秋、カルロヴォ飛行場で。

　こうして保有機数はかなり増えたものの、ブルガリアの空中軍備は基本的には旧式機の雑多な寄せ集めであり、またドイツがポーランドを占領した結果、P.24B用の交換部品はほとんど底をついてしまった。フランスはブロック152型戦闘機の注文に応じることができなかった。1940年に組み立てキット段階で調達した12機の[チェコ製]アヴィアB135戦闘機を、ブルガリアでライセンス生産して増強する計画も駄目になった。こうして12機のアヴィア単葉戦闘機（ブルガリアに到着したのは1943年）は飛行学校用に格下げされたが、非常の事態がおきて一度だけ実戦に投入された。1940年から41年にかけ、さらに19機のBf109Eを含む飛行機をドイツから受領し、保有機数は580機に達した。書類の上では、この空軍の保有機数は堂々たるものに見えはしたが、質的には依然として二流に過ぎなかった。

　このころ、バルカン地方は列強がとりわけ興味を寄せる地域となっていた。1940年9月27日、ドイツ、イタリア、日本は三国同盟に調印し、すぐにハンガリー、ルーマニア、スロヴァキアが加わった。1カ月も経たぬうちに、ソフィア政府は第三帝国の外相ヨアヒム・フォン・リッベントロープから、枢軸国に対するブルガリアの立場を明確にするよう求める覚書を受け取った。ほぼ同時にイギリスからは、ドイツと密接な関係を結ぶことは、ブルガリアと大英帝国の不和を招く可能性があるとする警告が

乗機Bf109E-4の翼に座ったパヴェル・パヴロヴ。マークは3.6戦闘機大隊第672中隊のもので、ドイツ第1戦闘航空団第Ⅳ飛行隊のマークからヒントを得ている。マークを描いたのは戦友の「エーミール」パイロット、ミハイル・グリゴロヴ。

1943年8月1日、アメリカ軍B-24リベレーターを2機撃墜し、自身最初の空中勝利を収めて帰還した直後のストヤン・ストヤノヴ中尉と乗機Bf109G-2。

1943年8月1日に自分が撃墜したB-24の残骸から取り外された翼の前に立ち、ポーズをとるストヤン・ストヤノヴ。

届いた。ソ連までが軍事協定を申し出てくるに及んで、重圧はさらに高まった。

それでもブルガリアは1941年2月末までは中立を維持した。このときまでに、ブルガリア国境に近い南部ルーマニアには50万名のドイツ軍部隊が移動していた。1941年3月1日、ブルガリアは三国同盟に加入し、ドイツ第12軍は直ちにブルガリアに進駐した。ドイツ軍のユーゴスラヴィアとギリシャ侵入（「マリタ」作戦）の際には、ブルガリアはドイツ軍部隊の集結地となりはしたものの、侵入そのものには加わらなかった。イギリス機とユーゴスラヴィア機から爆撃を受けたにもかかわらず、ソフィア政府は中立を保った。

1941年6月にドイツがソ連を攻撃したことで、ブルガリアの立場はさらに複雑化した。ソ連への伝統的な友好感情と、共産主義運動家の活動が結びついた結果、反乱と内戦が起こった。ソフィア政府は対ソ戦への直接参加は先延ばしすることができたが、11月25日には防共協定に調印した。事態は急速に進んだ。真珠湾への攻撃により、アメリカは日本に宣戦した。三国同盟の一員として、ブルガリアはイギリス、アメリカ両国に宣戦せざるを得ず、1941年12月13日に宣戦布告した。アメリカは1942年7月18日までお返しの宣戦布告をしなかったものの、ブルガリアの運命はもはや動かせぬものとなった。

■ 空軍の組織
Air Force Structure

1939年には、空軍は新しい組織を確立していた。その内容は、最小戦術単位として「小隊」があり、飛行機3ないし4機からなる。小隊3個で「中隊」（yato）を構成し、飛行機は9〜12機となる。中隊3個に本部小隊を加えたものが「大隊」（orlyak）で、総計約40機を擁する。最高位にあるのが「連隊」（polk）で、戦闘機あるいは爆撃機など単一の機種120機からなる。以下に示す5個の連隊が創設された。

「第1陸軍偵察機連隊」は、3個の偵察大隊と1個の独立中隊、さらに野戦軍に直接配属される1個水上機大隊からなっていた。「第2突撃連隊」「第5爆撃機連隊」「第6戦闘機連隊」からは、独立の指揮権をもつ航空艦隊（eskadra）がつくられた。最後につくられた連隊は「航空教育連

隊」だった。個々の大隊は中間にピリオドを挟んだ2つの数字で示し、例えば2.6は「第6連隊第2大隊」を意味していた。

1941年1月、ブルガリアの諸戦闘機部隊は73機のB534、18機のBf109E-3およびE-4、それに11機のP.24Bで装備されていた。

攻撃を受けて
Under Attack

ドイツに攻撃される以前からすでに、ユーゴスラヴィアの飛行機はブルガリア上空で偵察飛行を実施していたが、状況が劇的に変わったのは6月6日の0845時。ユーゴスラヴィア軍のDo17が、第二次大戦で初めてブルガリア領土に爆弾を投下した。目標はユーゴスラヴィア国境から20km離れた小さな町、キュステンディルだった。続いて、ペトリク、イーティマン、ヴァルバ各飛行場（ドイツ空軍が基地としていた）、ソフィア駅、およびその他の小さな町や村々に、小規模な爆撃が行われた。爆撃の大部分は、ギリシャの基地から発進したイギリス空軍のウェリントン爆撃機によるものだったことが、のちに判明した。損害はきわめて軽微で、ほとんど心理的効果しかなかったものの、これらの爆撃はブルガリアの防空態勢がまるきり無力なことを証明して見せた。ギリシャが1941年6月23日に降伏するとともに、空襲は止んだ。

空襲への備えは主として対空砲部隊だったが、ボジューリシュテに駐留する6.2大隊のB534「ドガン」（はやぶさ）戦闘機で爆撃機を迎え撃とうする

1943年8月1日の空戦の英雄たちが、ブルガリアとドイツの叙勲を受ける。左から、ペタル・ボチェヴ少尉（スコア5機）、チュドミル・トプロドルスキ大尉（4機）、ストヤン・ストヤノヴ中尉（5機）、ヒリスト・クラステヴ少尉（1機）。これはブルガリア第二位のスコアをあげた戦闘機パイロット、ペタル・ボチェヴの、極めて少ない現存写真の一枚である。

試みもあった。ペタル・ペトロヴ少尉が回想している――。

「戦争の初めのころ、ディミタル・スピサレヴスキ少尉が指揮する我々の大隊は、単機でソフィアに向かうユーゴスラヴィア軍のDo17を迎撃しようと緊急発進したことがあった。だがドルニエ爆撃機は南に転針し、我々は追いつけなかった。この爆撃機がヴァルバ飛行場のドイツ軍部隊を奇襲したことを、あとで聞いた」

しかし、ブルガリア上空でのほんとうの空戦は、連合軍がルーマニアのプロイエシュティ油田を目標とした「タイダル・ウェーヴ」（津波）作戦を開始するとともに始まった。計2000機の飛行機が参加して、白昼9日間、夜間8日間の空襲が行われた。カルロヴォ飛行場は二度爆撃され、ブルガリア機80機が地上で破壊された。そして1943年8月1日、日曜日の0800時、アメリカ軍のB-24「リベレーター」177機は、プロイエシュティへのさらなる空襲のため、リビア・ベンガジ近くの飛行場を飛び立った。この編隊は地中海上空を飛行中に発見され、1215時にはボジューリシュテ、ヴラジデブナ、それにカルロヴォ飛行場のブルガリア戦闘機部隊に警報が出された。

カルロヴォは3.6大隊の基地で、この部隊は当時ブルガリアで入手できる最も高性能の戦闘機、Bf109G-2を装備していた。最初のバッチ23機はまっさらの新造機で、1943年3月に部隊に支給された。最初に緊急発進したのはミハイル・グリゴロヴ中尉率いる当直小隊3機だった。5分後には二番目の小隊がリュベン・コンダコヴ中尉に指揮されて出発した。最後に発進したのはストヤン・ストヤノヴ中尉以下4機だった。同じころ、今ではまったく時代遅れとなったB534も10機、ソフィア上空を哨戒飛行していたが、彼らが爆撃隊に接触しようとした試みはまったくの失敗に終わった。ストヤノヴは長時間、ソフィア上空を哨戒したものの成果はなく、ヴラジデブナに着陸することにした。

1500時ごろ、戦闘機隊はプロイエシュティから戻ってくる爆撃機に立ち向かうため、再び離陸した。このとき迎撃に上がったBf109Gはわずか4機にすぎなかった。ヴラジデブナ飛行場には高性能機を敏速に整備できる設備がなく、ストヤノヴの部隊の緊急出撃を遅らせてしまったのだ。一方、B534

1944年1月、写真撮影のためボジューリシュテに集合した3.6大隊のパイロットたち。左から、イヴァン・ボネヴ（スコア4機）、ディミタル・ヴィーチェヴ、ストヤン・ストヤノヴ（5機）、ヨート・カメノヴ、イヴァン・デミレヴ。

部隊はヴラツァ付近で18機の爆撃機と遭遇し、攻撃をかけたものの、不得要領な結果に終わった。ブルガリア隊は遠すぎる距離から撃ち始め、敵編隊を突き抜けるまで撃ち続けたが、彼らの7.92mm機銃弾は厳重に装甲されたアメリカ爆撃機には歯が立たなかった。

　ブルガリア勢は直ちに二度目の攻撃にかかったが、爆撃機隊に追いついたのは150km以上も追跡し、国境の町キュステンディルの近くまできたときだった。2回目の攻撃も1回目とまったく同じ結果に終わった。

　「ドガン」隊の最初の攻撃から数分後、4機のBf109が爆撃機隊と遭遇した。のちにブルガリア最高のエースとなったストヤノヴが回想している——。

　「そのころ採用されていた戦術教典に従って、私は敵の縦列の後尾に同高度で接近した。僚機ボネヴ少尉がすぐ後ろについていた。こちらは爆撃機より少なくとも時速200kmは速かったから、すぐに追いついた。数秒のうちに、敵の曳光弾が我々に向かって飛んできた。初めは数個の銃座が撃ってくるように思ったが、すぐに全部の銃座が我々に銃火を集中してきた。これほど多数の曳光弾が、これほど近くを飛ぶのを見るのは初めての経験だった。恐ろしかったが、怯えているひまはなかった。私は猛烈な火網から逃れ、どうやって攻撃を続けようかと考えた。そして、教典には反するが、反航攻撃をしようと決めた。

　「スロットルを全開し、爆撃機編隊の前方に10kmほど先回りした。180度反転し、太陽を背にして四発爆撃機に突っ込んだ。目標は敵編隊の先導機だった。

　「射撃を始めると、私の機関砲弾と機銃弾が重爆撃機の透明な機首風防を粉々に砕くのが見えた。数秒後、爆撃機との衝突を避けるため、やむなく進路を変えたが、そのとき敵は機首を下げていて、私は相手の胴体を頭から尾まで銃弾で縫ってやった。敵は急降下してゆき、視界から消えた。爆撃機隊の上、5mとは離れていないところを航過したので、彼らは私を撃てなかった」

　これが大戦を通じて、ブルガリア戦闘機隊があげた最初の撃墜だった。だがストヤノヴは、これで終わりにはしなかった。彼の2回目の攻撃もまた、戦術の規則に反したものだった。ストヤノヴは爆撃機編隊の最後尾の1機に、後下方から近づいた。彼の射弾で爆撃機の左翼の2つのエンジンから濃い

Bf109Gの前に立つ3.6大隊のペタル・マノレヴ中尉。1944年6月、ボジューリシュテで。

腹部に増加燃料タンクを吊った3.6大隊のBf 109G-2。1944年1月、雪のヴラジデブナ飛行場で撮影。

黒煙が噴出し、この機体も徐々に編隊から脱落していった。

ペタル・ボチェヴ少尉もストヤノヴにならって攻撃したが、目標に接近しすぎて、あやうく衝突するところだった。彼は距離50mで射撃し、相手の爆撃機は空中爆発して、尾部射手だけが助かった。ボチェヴの乗機も防御銃火や爆発のあおりで甚大な損傷を受けたが、やがてブルガリア第二位のエースとなる彼は、どうにか基地に戻ってきた。しかし彼らの小隊長ヒリスト・クラステヴ少尉は燃料を使い果たし、フェルディナント近くに不時着した。

この日はブルガリア戦闘機パイロットにとって上首尾の日となった。ストヤノヴの部隊は計5機の重爆撃機を撃墜し、ストヤノヴ自身の2機に加え、ボチェヴ、クラスチェヴ、そしてボネヴ少尉がそれぞれB-24を1機ずつ落としていた。

爆撃攻勢
Bombing Offensive

ブルガリアの空での戦いは激しいものだったとはいえ、連合国は格別、意図してブルガリアを目標にしていたわけではなかった。だが事情は変わろうとしていた。1943年1月に開かれたカサブランカ会談で、連合軍首脳部はドイツに対し、合同の戦略爆撃攻勢を開始することを決めた。その主要な目的は第三帝国の戦争遂行能力を弱めることにあったが、副次的な目標は、ブルガリアに昼夜にわたる爆撃を継続して、枢軸陣営から切り離すことだった。10月、この任務がアイラ・エイカー将軍［よく「イーカー」と読まれるが、誤り］を司令官とする地中海方面連合国戦略空軍に与えられた。1943年11月1日、イタリアのフォッジアで発足したアメリカ第15航空軍が昼間爆撃を受け持ち、イギリス空軍の第205集団が夜間爆撃を担当した。必然的に、おもな目標はソフィアとなり、1943年11月14日から1944年4月17日にかけて、10度にのぼる大規模な空襲がこの都市を襲った。

一方で、ブルガリアは1943年8月1日の意味するものを考えつつあった。だが、まずは賞賛すべき英雄たちがいた。ストヤン・ストヤノヴとペタル・ボチェヴは、ともに国王から勇敢十字章を親授された。B534のパイロットたちの中では、ヴァプツァロヴとダスカロヴ両少尉だけが爆撃機を攻撃でき

るところまで接近できたので、彼らもまた勲章を授けられた。とはいえ8月1日の出来事から明らかになったのは、B534がもはや信頼できる迎撃機とは見なされないということだった。

　ストヤノヴがその場で思いついた戦術は、戦闘機が重爆撃機を攻撃するための新戦法となって結実した。同僚のBf109パイロットだったペタル・マノレヴ中尉（現・大佐）が思い出を語る──。

「我々は、自分たちが考え出した空中操作を使って重爆撃機を攻撃する訓練を徹底的に行った。初めのうちは、戦闘機が高度を取って爆撃機の後上方から攻撃する──すなわち爆撃機の針路後方の両側から10°ないし15°の急角度で降下しながら攻撃するのがいいと考えられた。ついで、爆撃機の下

3.6大隊本部小隊のパイロット、ディミタル・スピサレヴスキ（前列左から2人目）が、自分の中隊員たちとともに暖をとる。1943年晩く、ヴラジデブナ飛行場で。

応急の偽装を施され、野外に駐機している3.6大隊のBf109G-6。1944年8月、撮影場所は不詳。

方500mから垂直に全速で上昇し、爆撃機の下腹の防御の不十分なところを狙って、2ないし3秒間の連射をかけるようになった」

その後のブルガリア軍パイロットによる撃墜戦果の多くは、こうした空中操作の結果として達成されたものだった。同様の戦術は、ドイツ空軍のエース、アードルフ・ガランドと彼の部下たちがドイツ上空で連合軍重爆撃機隊と戦ったときにも使われている。

8月12日、3.6大隊はソフィアの防空のため、16機のBf109G-2とともにボジューリシュテに展開した。ソフィアの地上防空戦力もその後の数カ月間に著しく強化された。だが8月1日の英雄たちへの叙勲は、国王による公式行事の最後のひとつとなった。8月28日、ボリスIII世は急死した。死因は不明だが、暗殺だった疑いがある。原因は何であれ、その最大の後援者だった国王の死は空軍に打撃を与えた。不安定感をさらに高めたのは、シメオン王子が未成年［当時6歳］だったためで、摂政評議会が設立された。

■ 最初の空襲
The First Raid

ソフィアが最初の空襲を受けたのは1943年11月14日。100機のP-38に護衛されたB-25中型爆撃機約90機が正午過ぎ、2波に分かれ、高度4800mで首都に接近してきた。防衛側では警報が遅れ、3.6大隊の最初のBf109が緊急離陸したのは、B-25隊がいままさに爆弾を投下しようとしたときだった。それでも13機のメッサーシュミットが敵の護衛隊と交戦し、P-38を1機確実に撃墜した。味方は戦闘機1機とそのパイロットを喪失し、ほかに2機が損傷を負った。

アメリカ軍は9日後、2回目の空襲に飛来し、同じく13機のBf109がB-24の攻撃を待ち構えていた。迎撃戦闘機による攻撃、熾烈な対空砲火、それに目標上空に断雲があったことなどから、爆撃隊のうち所期の目標に爆弾を投下できたのは17機に過ぎなかった。戦闘機は攻撃を続けて、数機を確実に、また不確実に撃墜した。ロンドンのBBC放送は爆撃機の喪失が10機にのぼったと報じていたが、のちに発見されたB-24の残骸は2機だけだった。防御側はパイロット1名と飛行機3機を失い、さらに3機のBf109が大きな損傷を受けた。

12月10日、三度目の空襲にはP-38約60機に護られた50機のB-24が参加した。彼らは3.6大隊のBf109とまたもや対戦したほかに、ヴラジデブナを基地とする2.6大隊のドヴォアチヌD.520とも初めて遭遇した。前2回より機数が増えた護衛戦闘機はさらに好成績を収め、防御側は1機も公認撃墜をあげることができぬまま、1機のD.520と、そのパイロットを喪失した。しかしブルガリア側は、そうしなければ壊滅的なものになったと思われる空襲の効果を減殺することができた。実際のところ、100棟の建物が破壊されたのに、負傷者はわずか30名と報告された。

10日後、50機のB-24「リベレーター」と同数のP-38が再び来襲した。この編隊はユーゴスラヴィア上空で2波に分かれ、より機数の多いグループは北に針路を変えたため、彼らはプロイエシュティに向かうものとブルガリア空軍司令部は確信した。南方グループに対抗するため、16機のBf109Gと24機のD.520は1230時に急いで飛び立った。空戦はソフィアに近い、ヴィトーシャとロゼンスカ山脈の間にあるドルニ・パサレル村の上空で戦われた。

体当たり攻撃!
Ramming Attack!

　3.6大隊本部小隊の一員、ディミタル・スピサレヴスキ中尉がこの戦闘で驚くべき行動に出たことについては、両陣営の多くの生存パイロットの記憶や報告書のなかで、さまざまに語られている。最初、彼は主編隊から少し遅れた1機の「リベレーター」を攻撃したが、うまく行かなかった。射距離があまりに遠すぎたのだ。防御銃火は凄まじかったが、彼は再び挑戦した。別の四発爆撃機に急速に接近して、最初のスコアをあげうる位置についた直後、スピサレヴスキはその生涯で最後の攻撃を敢行した。

　そのあとに起きたことについて、3.6大隊の戦闘日誌には「スピサレヴスキ中尉はリベレーター爆撃機を1機撃墜し、敵機はバラバラになって大地に墜落した」と書かれている。「これは彼にとって初の実戦だった。可能なかぎり多くの爆撃機を撃墜するという任務しか念頭になかったスピサレヴスキ中尉は、全速力で1機の敵爆撃機に体当たりし、双方とも墜落した。最良のパイロットにして勇敢な戦士のひとりが、かくして死んだ」と記述は続く。

　スピサレヴスキに体当たりされたリベレーターに乗り組んでいた機銃射手のひとり、24歳のロバート・ヘンリー・レナー軍曹は、当然ながら、より感情をこめた表現をしている。乗員のうち、ただひとり生き残った彼は戦闘後すぐに捕虜となり、数日間を病院で過ごした。その後の訊問で、レナーはこう述べた──。

アヴィアB135「白の3」のコクピットに座ったクラスティョ・アタナソヴ大尉。1944年、ドルナ・ミトロポリアで撮影。1944年3月30日、彼はこの飛行機に搭乗し、同僚の戦闘飛行学校教官、ヨルダン・フェルディナントヴ准尉と協同でB-24を1機撃墜した。

1944年8月、編隊を組んでブルガリアの空を哨戒する2.6大隊と3.6大隊のBf109G-6。手前、右翼だけ見える機体〔撮影機〕は2.6大隊の「赤の4」、中央は3.6大隊の「赤の8」。

1944年7月晩く、3.6大隊の3機のBf109Gがアメリカ軍爆撃機を捜索して飛ぶ。手前の機体「緑の1」は以前ストヤン・ストヤノヴ中尉が乗っていたが、いまは中隊長ペタル・マノレヴ中尉が操縦している。後方はエフゲニ・トンチェヴ少尉の「緑の7」。撮影したのはパヴェル・パヴロヴ少尉の「緑の6」。

3.6大隊のイヴァン・ペトロヴ。ブルガリア戦闘機パイロットの中で、ペトロヴは傑出した存在ではなかったが、彼の乗機に描かれた個人マークは興味深い。

「まさに地獄だった。戦闘開始後3分で、味方爆撃機が1機、炎に包まれて落ちてゆき、みなショックを受けた。それからわずか1分後、私の飛行機が恐ろしい打撃を受けて振動した。エンジンが火を噴いたのは見たけれど、そのあと自分がどうなったかはよく分からない。頭をガンと打たれた感じがして、気が遠くなったのだ。たぶん機銃を握ったまま、機外に放り出されたのだろう。パラシュートが自動的に開いて、そのとき機銃を落としたに違いない。私は地上に降りた。ブルガリア戦闘機の攻撃は恐ろしかった。決して忘れないだろう」

同じ出来事を、アメリカ第82戦闘航空群第97戦闘飛行隊所属のP-38「ライトニング」のパイロットで、やはりこのときの戦闘で（たぶん、ニコライ・ヨルダノヴ中尉に）撃墜されたジョン・マクレンドン少尉（23歳）が描写している。彼はスピサレヴスキの2つの勝利の目撃者でもある——。

「自分の戦闘機が落とされる6分ほど前、私は信じられぬものを見た。ほかのアメリカ人パイロットで、ヨーロッパ上空でこれに似た光景を見た人間がいるかどうか知らない。1機のブルガリア戦闘機が爆撃機1機を撃墜し、すぐにもう1機に攻めかかった。すべての銃砲を発射しながら、その戦闘機は爆撃機の腹部に体当たりし、尾部を切断した。その爆撃機には最も優秀なクルーのひとつが乗っていた。どれほど勇敢なパイロットでも、あんな死に方は恐ろしい」

スピサレヴスキが2機を落としたと断言する目撃証人は大勢いるにもかかわらず、ブルガリア戦闘機パイロットの公式戦果表では、彼には1機の勝利しか認められていない。この間違いの理由は明確でないが、ほかのブルガリア人パイロットのなかに、パサレル付近に墜落した問題のリベレーターの撃墜を公認された人物は存在しない。

ところで、北方へと分かれたアメリカ爆撃機隊は、プロイエシュティに向かってなどいなかった。計略は成功し、彼らはソフィアにやってきて、270発、6万7500kgの爆弾を首都に投下することができた。だが成功への代償も大きかった。アメリカ人たちはブルガリアの空域を出るまで戦闘機に追いかけられ、3機のB-24と7機のP-38——攻撃隊の10パーセント——を撃墜され

た上、5機が損傷を負った。ゲンチョ・ディミトゥロヴ少尉はパサレル付近でB-24の1機撃墜が認められた。しかしBf109隊も2機を失った。ゲオルギ・キュミュルジェフ少尉はP-38を1機落とした直後に戦死した。ミハイル・バノヴは不時着したが生還、ほかに2機が損傷を負ったが、どちらも無事に基地に戻った。

珍しい勝利
A Unique Victory

　ドルナ・ミトロポリアのブルガリア戦闘操縦士学校では、チェコで設計されたアヴィアB135B戦闘機を主要装備機として使っていた。同機は1943年に12機が一式部品キットの状態で輸入されたが、ロヴェチで組み立てられ、試験飛行してみた結果、馬力が不足で、火力も不十分なことが直ちに明らかとなった。エンジン軸の中心に搭載するはずだった20mm機関砲は取り除かれて、わずか2挺の7.92mm機銃しか積んでいなかった。これでは高等練習機としてよりほかに使い道がなかったわけだった。

　連合軍の空襲が始まると、このうち4機を使って飛行場と近隣都市を護るための警急飛行隊が組織された。だがおもな狙いは、生徒たちに経験を積む機会を与えるためで、彼らは1944年3月30日、確かにその経験を得ることになった。0930時、150機のP-38と、ブルガリア初登場のP-51「マスタング」に護衛されたB-24とB-17の450機を超える大編隊がソフィアへ向かっ

B-24爆撃機2機を、狙い定めた機関砲の一連射で撃墜し、帰還した直後のヒリスト・コスタキエヴ少尉。

中●戦闘で損傷を受け、パイロットが不時着しようとしたが、廃機になってしまったBf109G。

1943年晩くにブルガリアに到着して、間もなく撮影されたドヴォアチヌD.520。まだドイツの国籍マークが描かれたままになっている。

1944年の初春、カルロヴォ飛行場に翼を並べるD.520。写真の質は良くないが、左の機体のコクピットの下の胴体に、ドイツ空軍型のシェヴロン［楔形］が見える。

1944年1月末、カルロヴォ飛行場で実施された2.6大隊の緊急出動訓練で、D.520に駆け寄るパイロットと地上勤務員たち。

ていることが、スコピエ上空で探知された。これは過去ブルガリアを脅かした最大の敵兵力のひとつであり、出動可能な全戦闘機に警報が発せられた。

戦闘操縦士学校の校長、クラスティヨ・アタナソヴ大尉は警急飛行隊に緊急出撃を命じた。ただちに4機のB135B（「白の3」「同4」「同5」「同11」）が飛び立って、ソフィアに向かった。操縦者はアタナソヴ自身と3名の教官、すなわちヨルダン・フェルディナントヴ准尉、ペタル・マノレヴ少尉、それにネディヨ・コレヴ准尉だった。以下はアタナソヴの回想。

「ヴラツァとフェルディナント上空で、ソフィア方面に向かうアメリカ爆撃機の第4波を目撃した。あとで我々は、3.6大隊と2.6大隊の戦闘機が空戦後、燃料と弾薬の補充のためボジューリシュテとヴラジデブナに着陸するのを見たが、爆撃機が3波も通過したあとでは、誰も第4波までも来るとは予想しなかったことは明らかだった。そんなわけで、驚いたことに我々

はソフィア上空で60機から70機のアメリカ爆撃機に、たった4機で対抗する羽目になったのだ！

眼下では町が燃えていたけれど、この爆撃機群には護衛戦闘機が随伴していないことを知って、私は勇気づけられた。我々は何度か攻撃を加えたが、成果はなかった。だが爆弾を投下し終え、基地に戻ろうと南西に向けて飛ぶアメリカ人たちは、ラドミル上空のどこかで編隊を解いた。

「仲間から少し遅れていた1機を、我々は攻撃した。私は1基のエンジンに狙いを絞って射撃し、発火させた。僚機フェルディナントヴ准尉は隣のエンジンに同じことをしてやった。重爆撃機は高度を失いはじめ、下方の山脈に向かっていった。燃料をほとんど使い切って、我々はボジューリシュテ飛行場に着陸し、起こったことを直ちに報告した」

アタナソヴとフェルディナントヴは、結果的にB135による唯一の実戦参加となったこの戦闘で、1機の協同撃墜を認められた。しかし、教官仲間のペタル・マノレヴの回想は異なっている──。

「目標を射撃したが、効果は取るに足りないものだった。こちらの戦闘機の速力は相手の爆撃機とほとんど同じで、繰り返して攻撃することなど考えられもしなかった。南西の、ペルニクの方向に敵を追ってゆくと、味方の対空砲火が撃ってきたので、空中操作して身をかわさなくてはならなかった。この間、先導の2機（アタナソヴとフェルディナントヴ）は敵の追跡を続けた。私は乗機が航続距離の限界に近づいたと判断し、ドルナ・ミトロポリアに戻る

ドイツ軍が保管していた旧ヴィシー・フランス軍所属機と新造機、合わせて96機のD.520が1943年、ブルガリアに供与された。大部分はカルロヴォの2.6大隊に渡った。

特徴のあるエルラ風防を備えたBf109G-6/Trop「白の7」は1944年夏、ブルガリアに最後に供給されたメッサーシュミット戦闘機のバッチの1機だった。3.6大隊のソモヴ中尉の操縦で哨戒中のシーン。

ことに決め、最後のわずかな燃料で、1130時に着陸した。しばらくして、さきの2機も3.6大隊の基地があるボジューリシュテに着陸した。そこでクラスティヨ・アタナソヴは爆撃機1機の撃墜を報告したのだが、私の個人的意見では、彼らは全弾を撃ちつくしたけれど、爆撃機を撃墜してはいないと思う」

フェルディナントヴはその報告のなかで、アタナソヴと彼が攻撃したリベレーターから5人が空中脱出し、間もなく爆撃機がトラン付近に墜落したのを見たと述べている。アタナソヴによれば、教官部隊はそれからも何度かB135で敵爆撃機を迎撃しようと試みたものの、接敵できなかったという。

同じ日、3.6大隊は爆撃機隊がソフィアに到達する前に迎撃することを命じられた。遭遇した敵は高度6000mで緊密な編隊を組み、その上空、7600m～8200mのところにP-38戦闘機を護衛に伴っていた。ヒリスト・コスタキエヴ少尉はスロットル全開で爆撃機隊に突進し、その1機にわずか50mまで接近して射撃した。リベレーターの爆弾倉に照準されていた射弾は大爆発を引き起こし、編隊の隣の機体まで巻き込んでしまった。2機目のB-24からは2名がパラシュートで脱出できたに過ぎなかった。

コスタキエヴのBf109G-6も大きな損傷を受けた。彼は回想している──。

「勝利感にひたっている余裕はなかった。乗機は白い煙を噴き、翼にはいくつも大穴が開いていた。ラジエーターに被弾したものと判断し、エンジンを切った」

コスタキエヴは、滑空して胴体着陸するか、パラシュートを使って脱出するか、どちらかを選ばなくてはならなかった。彼は前者を選択し、高度600mで下を見たら良さそうな野原があった。だが降りてゆくにつれ、とんでもない場所だとわかった。結局、ひどい胴着となったが、コスタキエヴは無傷で切り抜けた。これが彼の初めての実戦出撃だった。

ソフィアが最後の空襲を受けたのは3月17日で、これはブルガリア航空史上の暗黒の日となった。この日、350機のB-24が随伴してきた100機の護衛

戦闘機は、おなじみのP-38双胴戦闘機ではなかった。それに代わり、ブルガリア戦闘機パイロットたちはP-47「サンダーボルト」に加え、恐るべきP-51「マスタング」と対戦しようとしていた。防御側戦闘機──わずか30機のBf109Gと、7機のD.520──はB-24を2機、P-51を2機、撃墜できた。爆撃機1機が、またもや体当たり攻撃で落とされたが、ディミタル・スピサレヴスキのときと違って、ネデルチョ・ボンチェヴ中尉はパラシュートで飛び降りて助かった。対空砲火は3000発以上も発射し、8機の爆撃機に命中弾を与え、うち何機かは基地まで戻れなかった。

しかし、ブルガリア側の払った代償は甚大で、防御戦闘機9機を失い、パイロット6名が戦死した。死者はリュベン・コンダコヴ中尉、イヴァン・ステファノヴ少尉、ヴェセリン・ラチェヴ中尉らだった。2.6大隊長ニコライ・ボシュニャコヴ大尉は辛くも死を免れた。彼は乗機が被弾して空中脱出したが、その際、無線機のケーブルを手早く抜くことに失敗し、飛行機は彼を引っ張ったまま、高度6000mから地面に向けて突っ込んでいった。ボシュニャコヴは失神したが、やがてケーブルがちぎれて意識が戻り、大地に激突する寸前にパラシュートを開くことができた。彼は病院で長期間を過ごしたのち回復した。

連合軍によるブルガリアへの空襲は1944年8月26日が最後で、このときはアメリカ軍重爆撃機2機が撃墜された。ブルガリアが枢軸軍に加わって以来、その空域に侵入して探知された敵機は2万3000機を超えた。それに応え、防御戦闘機は延べ1100回出撃し、760回以上の空戦で、56機の敵を撃墜した。ブルガリア側は飛行機27機を失い、パイロット23名が戦死した。連合軍の爆撃では民間人1828名が死亡し、2372名が負傷した。

9月9日、「祖国戦線」（共産主義者を含む）がブルガリアの政権を掌握した。ソ連軍が国境を越えて侵入し、ブルガリアは枢軸陣営を離れて、ほとんど即座に、それまでの同盟国に宣戦した［ブルガリアはソ連に対しては中立を守っていたが、1944年9月5日、ソ連の方からブルガリアに宣戦布告した］。陣営を鞍替えした結果、ブルガリア空軍はユーゴスラヴィア上空での作戦行動に従事させられた。各戦闘機連隊のおもな任務は陸軍への近接支援で、ときおりは地上攻撃機部隊の護衛も行った。しかし、やがて「祖国戦争」と呼ばれるようになる期間の空での戦いは、それ以前ほど激しいものではなかった。

ブルガリア第二位のエース、ストヤン・ストヤノヴは両方の戦争を生き延び、政治体制の激変をも潜り抜けた。実際、彼は順調に少将まで昇進し、戦闘機部隊の司令となった。1947年9月9日、ストヤノヴ少佐は、共産主義者によるブルガリアの政権掌握から3周年を祝う空中分列式で、ソフィア上空を25機のYak-9を先導して飛行した。

ブルガリア第二位のエース、ペタル・ボチェヴについては未だによく知られていない。歴史書にも、参戦者の回想録にもほとんど記述がない。ストヤノヴによれば、ボチェヴは1944年10月5日、ユーゴスラヴィアで、ブルガリア歩兵部隊を支援するため、ドイツ軍砲兵隊を攻撃中に戦死した。彼の飛行機は腹部燃料タンクに被弾、発火したが、パラシュートで脱出するには高度が足りず、胴体着陸を決意した。ストヤノヴは始終すべて目撃していたが、彼の話では、ボチェヴは二番目の攻撃者だった。編隊長アタナソヴ大尉がまずドイツ軍に奇襲をかけ、ストヤノヴはボチェヴ機に続いて攻撃準備にかかっていた。のちに彼は回想している──。

「突然、ボチェヴの飛行機の下腹に炎が見えた。いったんは消えたように

見えたが、すぐに激しく燃え上がり、10m近い炎の尾を曳いた。彼は旋回して、より平坦な場所へと向かい、胴体着陸体勢に入った。私は攻撃を中止し、彼のすぐ上を飛んだ。ボチェヴ機は接地したが、まだ停まらないうちに爆発した。私がほとんど操縦の自由を奪われるほどの爆発だった。アタナソウ大尉と私は、あいだに空白を残したままの編隊で帰った。振り返って見れば、悪夢のような出来事だった」

付録
appendices

階級対照表

スロヴァキア	ブルガリア	ドイツ（空軍）	（邦訳）
—	general	general der Flieger	大将
general I .triedy	general-leytenant	generalleutnant	中将
general II .triedy	general-major	generalmajor	少将
plukovnik	polkovnik	oberst	大佐
podplukovnik	podpolkovnik	oberstleutnant	中佐
major	major	major	少佐
stotnik	kapitan	hauptmann	大尉
nadporucik	porucik	oberleutnant	中尉
porucik	podporucik	leutnant	少尉
—	feldfebel	stabsfeldwebel	准尉
zastupca dostojnicky	—	oberfeldwebel	上級曹長
zastavnik	—	feldwebel	曹長
rotnik	podofitiser	unterfeldwebel	上級軍曹
catnik	kandidat podofitiser	unteroffizier	軍曹
desiatnik	—	obergefreiter	伍長
slobodnik	efreitor	gefreiter	兵長
strelnik	rednik	flieger	一等飛行兵

スロヴァキア人エース

■各地の戦闘における公認撃墜数

氏名階級	ポーランド 1939年	ソ連 1941〜43年	本土防衛 1944年	反乱 1944年	計	注
ヤーン・レズナク曹長	—	32	—	—	32	—
イジドル・コヴァリク曹長	—	28	—	—	28	44/7/11空中事故死
ヤーン・ゲルトホーフェル中尉	—	26	—	—	26	44/8/31捕虜
フランティシェク・ツィプリヒ曹長	—	12	—	2＋協同1	14＋協同1	—
フランティシェク・ブレジナ曹長	—	14	—	—	14	—
パヴェル・ゼレナーク曹長	—	12	—	—	12	44/6/26戦傷
ヨゼフ・スタウデル曹長	—	12	—	—	12	—
アントン・マトゥシェク上級軍曹	—	12	—	—	12	43/9/9脱走
ルドルフ・ボジク上級軍曹	—	8	1	2＋協同1	11＋協同1	43/9/26戦傷
アレクサンデル・ゲリツ軍曹	—	9	—	—	9	43/9/11脱走
ヴラディミール・クリシュコ中尉	—	9	—	—	9	—
ヨゼフ・ヤンチョヴィチュ軍曹	—	7	—	—	7	43/3/30戦死
ルドルフ・パラティツキー軍曹	—	6	—	—	6	43/7/18戦傷
フランティシェク・ハノヴェツ上級軍曹	0＋協同1	5	—	5＋協同1	—	44/11/17捕虜
ユライ・プスカル中尉	—	5	—	—	5	44/6/26戦死
シュテファン・オツヴィルク上級軍曹	—	5	—	—	5	—
シュテファン・マルティシュ上級軍曹	—	5	—	—	5	—

スロヴァキア・エースの戦果

年月日	時刻	相手	場所

■ヤーン・レズナク

年月日	時刻	相手	場所
43/1/17	0635	I-153	スモレンスカヤ西
43/1/28	1110	I-16	アフティルスカヤ南西
43/2/11	0742	I-153	クリムスカヤ南
43/3/10	0952	I-16	アフティルスカヤ南
43/3/11	0750	I-153	アビンスカヤ南
43/3/11	0754	I-16	イェリヴァンスカヤ西
43/3/13	0725	LaGG-3	ペトロフスカヤ南東
43/3/14	1457	DB-3	クラスノアルメイスカヤ
43/3/27	0935	LaGG-3	ペトロフスカヤ南西
43/3/29	0937	DB-3	スラヴィヤンスカヤ南東
43/3/29	0942	I-153	ペトロフスカヤ
43/3/31	0646	LaGG-3	ペトロフスカヤ南東
43/4/10	0636	LaGG-3	スラヴィヤンスカヤ東南東
43/4/15	1153	LaGG-3	ギェリンジク北
43/4/20	0559	LaGG-3	スラヴィヤンスカヤ南
43/4/20	0630	LaGG-3	スラヴィヤンスカヤ西
43/4/21	1355	LaGG-3	アフティルスカヤ
43/4/25	1622	LaGG-3	ギェリンジク南
43/4/27	1746	LaGG-3	ホルムスカヤ
43/4/27	1748	LaGG-3	ホルムスカヤ
43/4/27	1815	I-16	アビンスカヤ南西
43/4/30	1217	LaGG-3	クリムスカヤ東
43/5/3	1255	LaGG-3	クリムスカヤ南
43/5/3	1506	I-16	クリムスカヤ南西
43/5/3	1512	LaGG-3	クリムスカヤ南
43/5/4	0650	MiG-3	ギェリンジク北西
43/5/10	0855	MiG-3	ホルムスカヤ
43/5/26	1245	LaGG-3	クリムスカヤ西
43/5/26	1810	Pe-2	トロイツカヤ南
43/5/29	0847	MiG-3	トロイツカヤ南東
43/6/20	1647	Yak-1	アビンスカヤ南東
43/6/30	0803	LaGG-3	スラヴィヤンスカヤ北

■イジドル・コヴァリク

年月日	時刻	相手	場所
43/1/28	0845	I-16	シャプスグスカヤ南
43/2/11	0740	I-16	シャプスグスカヤ北西
43/2/25	1356	Iℓ-2	アゾフ海・テムリューク北
43/3/10	0953	I-16	アフティルスカヤ南東
43/3/11	0751	I-153	イェリヴァンスカヤ南東
43/3/11	0752	I-153	イェリヴァンスカヤ東南東
43/3/12	0842	Iℓ-2	センナヤ南
43/3/13	0727	LaGG-3	ペトロフスカヤ北東
43/3/17	0827	I-16	スタロジェレリイェフスカヤ南東
43/3/22	1434	I-16	スラヴィヤンスカヤ南東
43/3/22	1436	I-16	スラヴィヤンスカヤ南東
43/3/29	0937	DB-3	トロイツカヤ東
43/3/29	0941	LaGG-3	クラスノアルメイスカヤ西
43/3/31	0645	LaGG-3	ペトロフスカヤ南東
43/4/10	0635	LaGG-3	スラヴィヤンスカヤ東
43/4/15	1152	LaGG-3	イェリヴァンスカヤ東
43/4/15	1155	LaGG-3	イェリヴァンスカヤ東
43/4/20	0558	LaGG-3	スラヴィヤンスカヤ南
43/4/21	1355	LaGG-3	?

年月日	時刻	相手	場所
43/4/25	1620	LaGG-3	ギェリンジク南
43/4/27	1744	ボストン	アフティルスカヤ北
43/4/27	1813	MiG-3	?
43/5/26	1511	Yak-1	クリムスカヤ北
43/5/29	0845	Yak-1	トロイツカヤ北東
43/5/29	0853	Yak-1	トロイツカヤ南西
43/5/29	1210	Yak-1	トロイツカヤ南西
43/5/29	1215	Yak-1	トロイツカヤ西
43/6/17	0515	Yak-1	クラスノアルメイスカヤ北西

■ヤーン・ゲルトホーフェル

年月日	時刻	相手	場所
42/12/29	1218	I-16	トゥアプセ北
43/1/17	1345	LaGG-3	スモレンスカヤ南西
43/3/12	0615	I-16	グリヴェンスカヤ南西
43/3/14	0510	LaGG-3	アゾフ海・アフタニゾフスカヤ北
43/3/15	0751	Iℓ-2	アゾフ海・ペトロフスカヤ北
43/3/15	0753	Iℓ-2	アゾフ海・テムリューク北
43/3/21	1128	Pe-2	黒海・ミスチャコ南東
43/3/30	0603	I-16	ペトロフスカヤ西
43/3/30	1305	I-16	アナスタシイェフスカヤ北
43/4/16	1203	LaGG-3	黒海・ギェリンジク南
43/4/16	1205	エアラコブラ	黒海・ギェリンジク南
43/4/19	1652	LaGG-3	黒海・アナパ南
43/4/21	0926	Iℓ-2	黒海・アナパ南南西
43/4/21	1135	エアラコブラ	?
43/4/24	0831	Iℓ-2	グリヴェンスカヤ南東
43/4/24	0835	LaGG-3	カリーニンスカヤ北西
43/4/24	1648	LaGG-3	ソルンツェダル
43/4/24	1650	ボストン	ノヴォロシイスク東
43/4/30	1216	LaGG-3	ノヴォロシイスク北東
43/5/3	1505	Iℓ-2	クリムスカヤ南西
43/5/3	1510	LaGG-3	クリムスカヤ南
43/5/26	1509	Yak-1	スヴィステルニコフ
43/5/28	0710	La-5	トロイツカヤ南
43/5/28	1042	Yak-1	ヴァレニコフスカヤ
43/5/28	1052	Yak-1	トロイツカヤ西
43/6/14	0630	Yak-1	ペトロフスカヤ西北西

■フランティシェク・ツィプリヒ

年月日	時刻	相手	場所
43/1/31	1130	Iℓ-2	クロポトキン
43/2/10	1010	I-153	ネベルジャイェフスカヤ南西
43/3/26	1127	Iℓ-2	イェリヴァンスカヤ東
43/3/29	1654	LaGG-3	ペトロフスカヤ西
43/4/19	1653	LaGG-3	アゾフ海・アナパ南西
43/4/27	1620	La-5	クリムスカヤ
43/4/30	1620	LaGG-3	クリムスカヤ南東
43/5/4	0902	LaGG-3	クリムスカヤ南
43/5/4	0910	LaGG-3	ギェリンジク北西
43/6/20	1645	Yak-1	アビンスカヤ南東
43/6/20	1654	Yak-1	アビンスカヤ南東
43/6/30	0802	LaGG-3	スラヴィヤンスカヤ北
44/9/2	0930	Ju52/3m	ラドヴァン
44/9/6	1810	Fw189*	クレムニツカ
44/9/12	0830	Ju88	ブレズノ・ナト・フロノム

*ボジクとの協同。

年月日	時刻	相手	場所

■フランティシェク・ブレジナ

42/12/12	1347	MiG-3	トゥアプセ
43/1/11	0635	I-153	デファノフカ北
43/1/16	0808	I-16	黒海・ギェリンジク南
43/2/2	1115	I-16	スモレンスカヤ南西
43/3/15	0750	Iℓ-2	アゾフ海・ペトロフスカヤ西
43/3/15	0754	Iℓ-2	アゾフ海・テムリューク北
43/3/20	1355	ボストン	黒海・ミスチャコ南
43/3/30	0604	I-16	ペトロフスカヤ西
43/5/13	1040	Yak-1	トロイツカヤ北西
43/5/26	1513	Yak-1	クリムスカヤ北
43/5/28	0655	Yak-1	トロイツカヤ西
43/5/28	0700	Yak-1	トロイツカヤ南
43/5/28	1059	Yak-1	ヴァレニコフスカヤ東
43/6/14	0640	Iℓ-2	ペトロフスカヤ南西

■パヴェル・ゼレナーク

43/1/28	0617	I-153	イェリヴァンスカヤ南東
43/2/9	1040	Iℓ-2	トロイツカヤ
43/3/16	0535	Iℓ-2	アゾフ海・アクヴェノ南西
43/3/16	0540	I-16	アゾフ海・アクヴェノ南西
43/4/16	1206	LaGG-3	カチャリンスカヤ
43/4/20	0640	Iℓ-2	スラヴィヤンスカヤ南東
43/4/24	0830	Iℓ-2	グリヴェンスカヤ南東
43/4/24	0837	LaGG-3	カリーニンスカヤ北西
43/5/26	1805	LaGG-3	クリムスカヤ北
43/5/28	0658	Yak-1	クリムスカヤ北
43/5/30	0625	Yak-1	トロイツカヤ南東
43/5/30	0630	Yak-1	ゴスタガイェフスカヤ

■ヨゼフ・スタウデル

43/1/13	1005	I-153	クリムスカヤ南西
43/3/12	0620	I-16	グリヴェンスカヤ南西
43/3/14	0507	LaGG-3	アゾフ海・テムリューク北
43/3/16	0537	Iℓ-2	アゾフ海・アクヴェノ南西
43/3/17	0826	I-16	スタロジェレリィエフスカヤ南東
43/3/21	1445	I-16	クラスノアルメイスカヤ
43/4/20	0638	Iℓ-2	スラヴィヤンスカヤ南
43/4/30	0745	Iℓ-2	黒海・ギェリンジク南
43/4/30	0755	LaGG-3	アビンスカヤ西
43/5/28	0705	La-5	トロイツカヤ南
43/5/29	1212	Yak-1	トロイツカヤ南西
43/5/29	1217	エアラコブラ	トロイツカヤ南

■アントン・マトゥシェク

43/7/26	1100	エアラコブラ	トロイツカヤ東
43/7/26	1103	ボストン	トロイツカヤ東
43/7/28	1430	ボストン	ギェリンジク
43/8/1	0950	La-5	アゾフ海・テムリューク北
43/8/1	0951	ボストン	アゾフ海・テムリューク北
43/8/6	0935	LaGG-3	ノヴォヴェリチコフスカヤ北西
43/8/12	1130	ボストン	スラヴィヤンスカヤ北西
43/8/12	1132	ボストン	ペトロフスカヤ南東
43/8/13	1040	Iℓ-2	スヴィステルニコフ南
43/8/18	0815	ボストン	スモレンスカヤ南南東

年月日	時刻	相手	場所
43/8/18	0818	スピットファイア	黒海・ギェリンジク西
43/8/21	1230	エアラコブラ	アビンスカヤ

■ルドルフ・ボジク

年月日	時刻	相手	場所
43/7/26	1055	R-5	トロイツカヤ東
43/7/26	1059	エアラコブラ	トロイツカヤ東
43/9/14	0638	Iℓ-2	黒海・ノヴォロシイスク南西
43/9/18	0626	Iℓ-2	ヴァレニコフスカヤ
43/9/20	0645	Iℓ-2	黒海・ミスチャコ南
43/9/22	0645	LaGG-3	クルチャンスカヤ
43/9/22	0720	ボストン	黒海・フィオドーシア南東
43/9/26	0855	Iℓ-2	アナパ北
44/4/13	1230	Bf110*	ポドゥナイスケ・ビスクピツェ
44/9/6	1810	Fw189**	クレムニツカ
44/9/16	1550	Ju88	ノヴァ・バニャ
44/10/4	1050	Fw189	トゥルチアンスキ・スヴァティ・マルティン南

*「リベレーター」として報告。
**ツィプリヒとの協同。

■アレクサンデル・ゲリツ

年月日	時刻	相手	場所
43/7/28	1430	ボストン	ギェリンジク
43/7/28	1431	ボストン	ギェリンジク
43/8/6	0936	LaGG-3	ノヴォヴェリチコフスカヤ北北西
43/8/7	1145	Iℓ-2	クリムスカヤ北
43/8/7	1755	スピットファイア	クリムスカヤ
43/8/12	1133	エアラコブラ	ペトロフスカヤ北東
43/8/18	0814	ボストン	黒海・ミスチャコ南東
43/8/18	0819	ボストン	黒海・ギェリンジク西
43/9/5	0752	Iℓ-2	黒海・アナパ南西

■ヴラディミール・クリシュコ

年月日	時刻	相手	場所
43/7/28	1430	ボストン	ギェリンジク
43/7/28	1431	ボストン	ギェリンジク
43/8/6	0936	LaGG-3	ノヴォヴェリチコフスカヤ北北西
43/8/7	1145	Iℓ-2	クリムスカヤ北
43/8/7	1755	スピットファイア	クリムスカヤ
43/8/12	1133	エアラコブラ	ペトロフスカヤ北東
43/8/18	0814	ボストン	黒海・ミスチャコ南東
43/8/18	0819	ボストン	黒海・ギェリンジク西
43/9/5	0752	Iℓ-2	黒海・アナパ南西

■ヨゼフ・ヤンチョヴィチュ

年月日	時刻	相手	場所
42/12/29	1215	I-16	トゥアプセ北
43/1/28	0620	I-153	チョルムスカヤ南
43/2/3	0922	LaGG-3	パニェジューカイ西
43/3/17	0825	I-16	グリヴェンスカヤ南
43/3/17	0828	I-16	ペトロフスカヤ北東
43/3/22	1433	I-153	トロイツカヤ北東
43/3/22	1435	I-16	スラヴィヤンスカヤ南東

■ルドルフ・パラティツキー

年月日	時刻	相手	場所
43/9/17	0825	エアラコブラ	スヴィステルニコフ南
43/9/24	0955	Iℓ-2	黒海・タマン南
43/9/24	1000	Iℓ-2	黒海・タマン南

年月日	時刻	相手	場所
43/9/26	0857	Iℓ-2	アナパ北
43/10/4	0830	Yak-1	黒海・タマン南
43/10/16	0745	MiG-1	ケルチ海峡・ケルチ南

■フランティシェク・ハノヴェツ

39/9/6	1218	ルブリンR-XIII*	スロヴァキア・ナルサニ
43/7/22	1145	エアラコブラ	クリムスカヤ北
43/7/30	0958	ボストン	プリモルスコ=アフタルスク南西
43/9/26	1335	Yak-1	黒海・アナパ南西
43/10/7	0755	Iℓ-2	アゾフ海・アキュイェヴォ北西
43/10/27	1150	La-5	ケルチ海峡・ケルチ南

*ジアラン、ヤロヴィアルとの協同。

■ユライ・プスカル

43/7/30	0959	エアラコブラ	プリモルスコ=アフタルスク南西
43/7/30	1002	エアラコブラ	トロイツカヤ南西
43/8/8	0930	エアラコブラ	クリムスカヤ西
43/9/14	1645	Iℓ-2	スヴィステルニコフ南
43/9/18	1625	Iℓ-2	スヴィステルニコフ南

■シュテファン・オツヴィルク

43/9/7	0600	LaGG-3	スヴィステルニコフ南
43/10/4	1430	ボストン	アゾフ海・アフタニゾフスカヤ北東
43/10/5	0525	ボストン	アゾフ海・アフタニゾフスカヤ北東
43/10/6	1212	Yak-1	スタロティタレフスカヤ東
43/10/7	0910	LaGG-3	ケルチ海峡・ケルチ南

■シュテファン・マルティシュ

43/7/30	1840	Iℓ-2	トロイツカヤ南西
43/8/12	0630	Iℓ-2	トロイツカヤ南
43/10/4	0825	Yak-1	黒海・タマン南
43/10/5	0527	Yak-1	アゾフ海・アフタニゾフスカヤ北東
43/10/6	1210	Iℓ-2	スタロティタレフスカヤ付近

ブルガリア戦闘機の戦術マーキング

ブルガリアとドイツの戦闘機部隊は密接に協力して、アメリカおよびイギリス機の迎撃にあたった。そのためブルガリア空軍も、ヨーロッパ戦線でのドイツ空軍の標準的戦術塗装にならい、両翼端下面を黄色に塗り、また胴体後部を帯状に黄色で塗装した。

1944年9月、ブルガリアはそれまでの同盟国に宣戦布告し、ソ連軍とともにユーゴスラヴィアでドイツ軍相手の戦いに参加したが、ソ連パイロットがブルガリア機を敵と誤認する事件が再三起きたのち、戦域塗装色は黄色から白に変更された。この塗装は1945年3月、ブルガリアが戦闘行動を終了するまで続いた。

このほか、各大隊（orlyak）内では各中隊（yato）の識別法が導入された。本部小隊所属の隊内番号は黄色で描かれ、3個の中隊の番号はブルガリアの国旗の色に従って、第1中隊は白、第2中隊は緑、第3中隊は赤で描かれた。ときとしてスピナーも、第2.6大隊のD.520に見るように、隊内番号と同じ色に塗られていた。

ごくわずかの例外を除いて、戦闘機は特定パイロットの専用機とはならず、個人的マーキングは描かれなかった。すなわち、隊内番号1を描いた戦闘機には可能なかぎり中隊長が搭乗したが、他のパイロットたちは飛べる飛行機であればどれにでも乗った。

ブルガリア戦闘機パイロットの上位撃墜者

戦闘機パイロットの戦果を集計するにあたり、ブルガリア空軍は、ドイツ空軍が西部戦線でパイロットを進級させる際に用いていた評価システムと同様の方法を採用した。同システムは1944年3月18日付の空軍総司令官による秘密指令第19号で確認された。この指令はまた、敵機との交戦ののちに起こりうるケースを3例あげている。
① －他機と編隊飛行中の機体の完全撃墜
② －編隊からの離脱をやむなくさせるほどの撃破
③ －単機、もしくはすでに損傷を受けている機体の撃墜

上記の結果を得たパイロットは、相手となった敵機の種別や状況に応じて、次のような得点を与えられた。

■相手となった敵機の種別・状況	①	②	③
編隊飛行中の四発爆撃機	3	2	1
単機または損傷した四発爆撃機	－	－	1
編隊飛行中の双発爆撃機	2	2	1
単機または損傷した双発爆撃機	－	－	1
戦闘機または他種の単発機	1	1	1

1944年12月28日付の指令第78号に、第二次大戦でブルガリア戦闘機パイロットに公認された勝利の完全な一覧表が掲載されている。ブルガリア国防省の発表ではあるが、いくつかの数字についてはまだ異論があり、疑問の余地が残っている。ブルガリア戦闘機パイロットのうちの上位撃墜者を以下に示す。しかし一見して明らかなように、一般に容認されている「エース」の定義――5機撃墜――に合致するのは、ストヤノヴとボチェヴしかいない。

順位	氏名・階級・所属中隊（大隊）	撃墜機数	獲得点数
1	ストヤン・ストヤノヴ中尉、682（3.6）	5 (+1*)	15
2	ペタル・ボチェヴ少尉、(3.6)	5	13
3	チュドミル・トプロドルスキ大尉（3.6長）	4	8
4	イヴァン・ボネヴ少尉、682（3.6）	4	8
5	ゲンチョ・イワノヴ少尉、692（3.6）	3	7
6	マリン・ツヴェトコヴ少尉、672（3.6）	2	10
7	ネデルチョ・ボンチェヴ中尉、652長（2.6）	2	8
8	ペタル・ペトロヴ少尉（1.6）	2	8
9	ヒリスト・コスタキエヴ少尉（3.6）	2	6
10	ディミタル・スピサレヴスキ中尉（3.6）	3 (2**)	(6**)
11	クラスティョ・アタナソヴ大尉、戦闘機学校長（3.6）	2	5
12	ヒリスト・コエヴ准尉、682（3.6）	2	4
13	ヴァシル・シシコヴ准尉（1.6）	2	2

*爆撃機1機を撃墜、編隊を離れた1機を撃破。
**体当たりで撃墜した2機目のB-24（公認されていないが、捕虜となったアメリカ飛行士たちにより確認）を含む。

カラー塗装図　解説
colour plates

1
B534（M-4）　1941年夏　ウクライナ　トゥルチン
第13飛行隊　ヨゼフ・スタウデル軍曹
1942年に至るまで、この戦前型の複葉戦闘機が、スロヴァキア戦闘機部隊の標準装備機材だった。図の機体はスロヴァキア航空隊（Slovenske vzdusne zbrane＝SVZ）の迷彩方式に従い、両翼上面と胴体側面がカーキ色、両翼下面と胴体下面がライトブルーに塗られている。機首や胴体の黄色は東部戦線における枢軸軍機の識別色である。「ヨゾ」・スタウデルはこの型では勝利をあげられなかったが、1943年になり、彼の全スコアとなる12機を、すべてBf109で達成した。

2
Bk534 No519（M-8）　1941年6月
東部スロヴァキア　スピシュスカ・ノヴァ・ヴェス
第13飛行隊　ヤーン・レズナク軍曹
Bk534はB534に機関砲（kanon）を装備した型であるため、kの文字が入っている。前の図と同じくSVZの標準迷彩塗装を施されたNo519は、やがてスロヴァキア第一のエースとなるヤーン・レズナクが1941年7月29日、初めて空戦を経験した際の乗機だった。彼は誤った命令により、同盟国ハンガリーのCR.42戦闘機を迎撃するためトゥルチンを緊急発進したが、遠すぎる距離からの射撃だったので、「敵機」に命中はしなかった。

3
B534 No217（S-18）　1944年8～9月
中部スロヴァキア　トリ・ドゥビ
連合飛行隊　フランティシェク・ツィプリヒ曹長
蜂起軍の連合飛行隊がトリ・ドゥビを基地に運用していた時代遅れのB534、4機のうちの1機である。乗用していたのは元第13飛行隊員たちで、ソ連機12機を撃墜したフランティシェク・ツィプリヒもそのひとりだった。それまで同盟国だったドイツに歯向かったスロヴァキアの民族蜂起中、「フェロ」・ツィプリヒはハンガリー軍のJu52/3m輸

送機を1機撃ち落したが、これは固定脚複葉機による文字通り最後の撃墜となった。この機体も通常のSVZ迷彩塗装だが、マークは蜂起軍のものが描かれている。機首と下翼端、それに胴体帯が黄色く塗られているが、スピナー先端はカーキ色である。機体は疲労のあとが著しく、コクピット・キャノピーの一部は欠落している。この図では胴体の番号をS-18としたが、S-12もしくはS-13だったろうとしている資料もある。

4
Bf109E-3（W.Nr.2945）「白の2」 1942年10月
スロヴァキア ピエシュチャニ
第13飛行隊 ヤーン・レズナク軍曹
「エーミール」はSVZが運用した初めての近代的戦闘機で、1942年から43年にかけ、ドイツは戦闘で使い古した本機20機あまりを供与した。図の機体は1942年7月に支給されたもので、翼上面と胴体側面はRLM71（ドゥンケルグリュン）とRLM02（グラウ）、翼と胴体下面をRLM65（ヘルブラウ）という、ドイツ空軍の標準迷彩に塗装している。胴体側面にはRLM71の不規則な斑点が上塗りされてある。垂直安定板にはハーケンクロイツを、胴体には大きな数字「2」を、それぞれ塗り隠した痕跡がうかがえる。1942年11月～12月、レズナクは本機でカフカス上空で6回実戦出撃し、うち3回はJu52/3mの護衛を務めた。やがてエースとなるパヴェル・ゼレナークも、ときおり本機に搭乗している。1943年初め、第52戦闘航空団第13（スロヴァキア）中隊はBf109Fに機種改変し、その後、本機は修理を受けて1943年4月にピエシュチャニに帰還した。以後は練習機として、シュテファン・マルティシュ上級軍曹やルドルフ・ボジク軍曹など、二番目の前線チームの未来のエースを育てるために使用された。さらにその後、この「エーミール」は即応飛行隊に配属となり、フランティシェク・ブレジナ曹長（撃墜14機）、ヨゼフ・スタウデル曹長（同12機）、それに再びパヴェル・ゼレナーク（このときには撃墜12機をあげていた）などの乗機となった。

5
Bf109E-4（W.Nr.3317）「白の7」 1942年10月
スロヴァキア ピエシュチャニ
第13飛行隊 シュテファン・マルティシュ軍曹
やはり以前ドイツ空軍（第52戦闘航空団第I飛行隊）が西部戦線で使用した「エーミール」で、「白の2」同様、RLM71/02/65の迷彩塗装を施されている。この機体も、第13飛行隊の最初と二番目の前線チームで5機のスコアをあげたシュテファン・マルティシュ軍曹などが使用した。この「エーミール」は東部戦線で何度かの戦闘と不時着に耐えて生き残り、スロヴァキアに帰還して、第13飛行隊に配属された。だが1944年4月12日、フランティシェク・ブレジナ曹長（撃墜14機）が搭乗してパトロール中、エンジン故障を起こし、胴体着陸した。このときには胴体に「白の7」はもはや書かれていなかった。

6
Bf109E-7（W.Nr.6474）「白の12」 1942年11月
クバン マイコプ
第52戦闘航空団第13（スロヴァキア）中隊
ヴラディミール・クリシュコ少尉
この機体はドイツ占領下のデンマークのカルプ＝グルーヴ飛行場で、スロヴァキア人戦闘機パイロットの訓練に使われたのち、彼らとともに帰還した。ここで最初の隊内番号「95」を「白の12」に変え、スロヴァキアの国章がついた。同時に、最初の前線チームのエンブレムもエンジン・カウリングに描かれた。1942年10月には他の第13飛行隊機とともに東部戦線に移動し、通常は中隊長代理のヴラディミール・クリシュコの乗機となった。1942年11月28日、彼はトゥアプセ北方で部隊最初の勝利となるI-153を1機撃墜したが、公認はされなかった。本機にはほかにもパヴェル・ゼレナーク（撃墜12機）、ヤーン・レズナク（同32機）など、未来のエースが搭乗している。1943年1月10日、クラスノダールからヨゼフ・ヴィンツル軍曹の操縦で離陸しようとして墜落、登録を抹消された。

7
Bf109E-7（W.Nr.6476）「白の6」 1942年11月 クバン
マイコプ 第52戦闘航空団第13（スロヴァキア）中隊
ヤーン・レズナク軍曹
この「エーミール」は1942年8月、やがて撃墜26機のエースとなるヤーン・ゲルトホーフェルの操縦で、ヴィーナー・ノイシュタットからスロヴァキアに空輸された。「白の6」は到着後に書かれたもの。これも新しく塗装された黄色の戦域識別ストライプの下に、もともとのラジオコード（IX+WS）がうっすらと見えていることに注意。東部戦線に送られたW.Nr.6476は多くの未来のエースの乗機となり、そのひとり、ヤーン・レズナクは1942年11月13日、ソ連軍陣地を攻撃に向かうBf110戦闘爆撃機隊を、この機体に搭乗して護衛した。1943年1月2日、本機はトゥアプセの東方でソ連戦闘機と交戦し、撃墜され、パイロットのヨゼフ・ドルリツカ上級軍曹（撃墜1機）は戦死した。ただいくつかの資料は、ドルリツカは最後の出撃の際、実際にはBf109F W.Nr.8798に搭乗していたと示唆している。

8
Bf109E-4 「白の1」 1943年9月 スロヴァキア
ヴァイノリ
第13飛行隊 フランティシェク・ブレジナ曹長
使い古された「エーミール」が、スロヴァキアでは1944年に至るまで前線で防空任務についていた。この機体の所属は即応小隊だったが、やがて飛行隊規模に拡大され、スロヴァキアの首都ブラティスラヴァと、ポヴァジ盆地の工場地帯の防空にあたった。そのあいだ「白の1」には東部戦線で14機のスコアをあげたエース、フランティシェク・ブレジナを始め、多くのパイロットが搭乗している。塗装は当時の典型的なもので、RLM74（グラウグリュン）、RLM75（グラウヴィオレット）、RLM76（リヒトブラウ）が使われ、さらに不可欠の戦域識別色として、翼端下面と胴体帯が黄色に塗られている。

9
Bf109E-4（W.Nr.2787）「白の6」 1944年10月
スロヴァキア トリ・ドゥビ
連合飛行隊 シュテファン・オツヴィルク上級軍曹
民族蜂起［1944年8～10月］の当初、連合飛行隊は、東部戦線の第52戦闘航空団第13（スロヴァキア）中隊で以前使われていた「エーミール」を含む、雑多な旧式機を寄せ集めて装備していた。この機体は1942年7月にスロヴァキアに供与され、同年10月には東部戦線に送られた。1943年1月17日にはのちのトップ・エース、ヤーン・レズナクが搭乗中、多数のLaGG-3に襲われ、機銃弾60発、機関砲弾3発を浴び、クラスノダールに不時着大破した。修理後の1943年7月にはスロヴァキアに送り返され、トリ・ドゥビの空軍飛行学校で使用された。蜂起が始まってからは自動的に連合飛行隊の所属となったが、弾薬が足りず、おもに偵察飛行とビラの投下に働いた。多数のパイロットに使われたが、オツヴィルク（撃墜5機）のほか、ルドルフ・ボジク（撃墜11機、ほかに不確実1機）も搭乗している。1944年10月25日、蜂起軍は本機がドイツ軍の手に落ちぬよう火を放ったのち、山岳地帯に退却した。塗装は上面がRLM74（グラウグリュン）とRLM75（グラウヴィオレット）、下面がRLM76（リヒトブラウ）。国籍マークは依然、スロヴァキアのものが描かれている。

10
Bf109G-4（W.Nr.19347）「黄色の9」
1943年4～5月 クバン アナパ
第52戦闘航空団第13（スロヴァキア）中隊
ヤーン・レズナク上級軍曹
スロヴァキア空軍に使われた全「グスタフ」のうち、たぶん最も有名な機体で、32機のスコアをあげたヤーン・レズナクは本機で20度の空戦を戦い、7機を撃墜した。ただパイロットたちは固有の機体を与えられなかったため、他のエース、たとえばヴラディミール・クリシュコ（撃墜9機）、

シュテファン・マルティシュ（同5機）なども本機に搭乗している。そして1943年9月9日、スコア12機のエース、アントン・マトゥシェクは本機でソ連に脱走した。塗装は当時のドイツ空軍の標準的なもので、翼上面と胴体側面上部を2種のグレー――RLM74（グラウグリュン）とRLM75（グラウヴィオレット）――に、下面をRLM76（リヒトブラウ）に塗り、さらにその上にRLM74、RLM75、それにRLM02（グラウ）を不規則に吹き付けてある。エンジン・カウリング下部と胴体を巻く帯、それに両翼端下面は東部戦線におけるすべての枢軸軍機の規定に従い、黄色に塗られている。

11
Bf109G-2/R6 「黄色の1」 1943年4～5月
クバン アナパ
第52戦闘航空団第13（スロヴァキア）中隊
イジドル・コヴァリク上級軍曹
この「グスタフ」はRLM74/75/76からなる、ドイツ空軍の標準迷彩塗装を施され、胴体帯と翼端下面は黄色い。機体はドイツ空軍から「貸与」されたに過ぎず、スロヴァキアの所有財産ではないため、国籍マークはドイツのもので、ただスピナーに塗られた白・青・赤のスロヴァキア国旗色だけが運用者の国籍を示している。「黄色の1」は撃墜29機のエース、「イゾ」・コヴァリクのほか、同じくエースのヴラディミール・クリシュコも使用した。

12
Bf109G-4（W.Nr.19330）「黄色の6」
1943年4～5月 クバン アナパ
第52戦闘航空団第13（スロヴァキア）中隊
ヤーン・レズナク上級軍曹
この機体のエンジン・カウリングは別の「グスタフ」から流用したものが付いている。ヤーン・レズナクは本機でLaGG-3を2機撃墜した。W.Nr.19330は第52戦闘航空団第13（スロヴァキア）中隊で就役中、二度の不時着を経験しているが、いずれも名のあるパイロットが搭乗中のことだった。1943年4月16日は中隊長代理、ヤーン・ゲルトホーフェルがアナパに不時着し、同年9月21日にはルドルフ・パラティツキーがタマンに胴体着陸した。2人ともけがはなかった。

13
Bf109G-4/R6 CU+PQ 1943年4月 クバン アナパ
第52戦闘航空団第13（スロヴァキア）中隊
フランティシェク・ブレジナ上級軍曹
この「カノーネンボート」（砲艦）も標準的なRLM74/75/76の塗り分けで、胴体側面にはRLM02の斑点模様が施され、黄色の戦域マークが塗られている。胴体と主翼に書かれたラジオコード（CU+PQ）が消されていないのは珍しい。「フェロ」・ブレジナは1943年4月16日、本機によりソ連軍エアラコブラ1機の撃墜を報告したが、公認されなかった。

14
Bf109G-4 「黄色の2」 1943年4月 クバン アナパ
第52戦闘航空団第13（スロヴァキア）中隊
ヤーン・ゲルトホーフェル中尉
ドイツ空軍の標準的迷彩塗装（RLM74/75/76）だが、ラジオコードを塗り隠した痕跡も見てとれる。斑点模様（色はたぶんRLM02）のあるエンジン・カウリングは明らかに別の機体からもってきたもの。エンジン・カウリング下部、両翼端下面、胴体を巻いた帯は黄色。クバンの戦いでは数人のパイロットが本機に搭乗したが、そのなかではエースの「ヤーノ」・ゲルトホーフェルが最も著名である。

15
Bf109G-4/Trop（たぶんW.Nr.15195）「黄色の10」
1943年9月 クバン アナパ
第52戦闘航空団第13（スロヴァキア）中隊
シュテファン・マルティシュ上級軍曹
本機は1943年春、何人かのスロヴァキア人エースが使用し、イジドル・コヴァリクとシュテファン・「ピシュタ」・マルティシュもそのなかにいた。マルティシュは1943年9月5日、本機で戦闘を終えて基地に戻る途中で不時着し、胴体、主脚、プロペラを壊したが、本人は負傷せずに済んだ。機体はアナパのドイツ軍野戦修理廠に運ばれ、すみやかに飛行可能状態に戻った。エンジン・カウリング部分が暗色なのに注意。胴体にはラジオコードを消したあとが見える。

16
Bf109G-4/R6 「黄色の11」 1943年5月 クバン アナパ
第52戦闘航空団第13（スロヴァキア）中隊
ヤーン・ゲルトホーフェル中尉
これもドイツ空軍の標準的迷彩塗装で、もともとのラジオコード（R?+??）を塗り消したあとがわかるところも同じ。第13（スロヴァキア）中隊では保有する飛行機の数よりパイロットのほうが多かったから、本機にも数名のパイロットが搭乗している。エンジン・カウリングに明るい色の斑点が多数吹き付けられていること、また胴体に黒十字がなく、ただ白い外枠だけが施されていることに注目。

17
Bf109G-4/R6（W.Nr.19543）「黄色の12」
1943年4月 クバン アナパ
第52戦闘航空団第13（スロヴァキア）中隊
ヴラディミール・クリシュコ中尉
本機にはクリシュコやトップ・エースのヤーン・レズナクを含む、大勢のスロヴァキア・エースが搭乗している。標準迷彩塗装され、ラジオコードの跡が見える。

18
Bf109G-4/R6（W.Nr.14761）「黄色の5」
1943年9月 クバン アナパ
第52戦闘航空団第13（スロヴァキア）中隊
ルドルフ・ボジク軍曹
ルドルフ・ボジク（撃墜11機、協同撃墜1機）はロシア人と戦って名をあげたのみでなく、その1年後にはドイツ人相手にも勇戦した。1943年9月26日、彼はタマンから本機で出撃し、ドッグファイトで重傷を負った。「ルド」・ボジクがシンフェロポリの病院に収容される一方、機体はタマンのドイツ軍野戦修理廠に送られた。この「グスタフ」は同じ部隊の他の機体ととりたてて変わったところはないが、胴体の番号の書体が異なる。またドイツの製造工場で書かれた記号（??＋MS）が翼の下面に残っている。

19
Bf109G-4（W.Nr.14938）「黄色の2」
1943年9月 クバン アナパ
第52戦闘航空団第13（スロヴァキア）中隊
アレクサンデル・ゲリツ軍曹
脱走したスロヴァキア人パイロットにより、無傷でソ連軍の手に落ちた3機の「グスタフ」のうちの1機で、ソ連機9機撃墜のスコアをあげたアレクサンデル・ゲリツが搭乗していた。1943年9月11日、ノヴォロシイスクの東で優勢なソ連軍スピットファイアと交戦中、ゲリツは被弾したふりをして、ソ連軍占領下のティマシェフスカヤ飛行場に着陸した。「グスタフ」の胴体の中には無線整備兵のヴィンツェンツ・トカチクも身を縮めて乗っていた。

20
Bf109G-6（W.Nr.161722）「白の1」
1944年6月 スロヴァキア ピエシュチャニ
第13飛行隊 ヨゼフ・スタウデル曹長
この機体は1944年1月にスロヴァキアに供与されたのち、ゲルトホーフェル、コヴァリク、そして「ヨゾ」・スタウデルなど、多くのエースたちの乗機となった。1944年6月26日、アメリカ軍護衛戦闘機隊によって第13飛行隊が大損害を受けたあと、本機はスロヴァキア東部にいた空中戦闘群へ増援のため送られた。8月3日、カロル・ゲレトコ（撃墜1機）はこの「白の1」に搭乗し、プレショフ近くのイスラ飛行場に着陸しようとして失敗、機体は廃棄処

分となった。即応飛行隊に属する他の「グスタフ」と同様、本機も主翼と胴体上面が2種のグレー——RLM74（グラウグリュン）とRLM75（グラウヴィオレット）——翼下面と胴体下部がRLM76（リヒトブラウ）で、その上にRLM74/75/76、またRLM02（グラウ）の不規則な斑点という、ドイツ空軍の標準塗装を施された。当初あったドイツ軍マークはRLM75を吹き付けて消され、白の隊内番号とスロヴァキア空軍マークに変わっている。胴体帯と両翼端下面の黄色（RLM04「ゲルプ」）に注意。スピナーはたぶん白（RLM21「ヴァイス」）と黒緑色（RLM70「シュヴァルツグリュン」）に塗り分けられていたと思われる。

21
Bf109G-6（W.Nr.161720）「白の3」
1944年6月　スロヴァキア　ピエシュチャニ
第13飛行隊　ユライ・プスカル中尉

この「グスタフ」も多くのパイロットに共有され、ヤーン・ゲルトホーフェルもそのひとりだったが、なかでも1944年6月26日、本機に搭乗したユライ・プスカルは、多数の護衛戦闘機を伴ったアメリカ軍爆撃機編隊を、8機のBf109Gを率いて迎撃しようとした際、撃墜されて戦死した。スロヴァキア戦闘機は6機が撃墜され、パイロット3名が死亡し、ひとりが重傷を負った。プスカルは数ではるかに勝る「マスタング」に圧倒されて致命傷を負い、座席に座って縛帯をつけたまま、ホルニェ・ロヴツィツェ村付近に墜落した。

22
Bf109G-6（W.Nr.161728）「白の2」
1944年6月　スロヴァキア　ピエシュチャニ
第13飛行隊　ヨゼフ・スタウデル曹長

この機体は1944年1月に供与され、ヤーン・レズナクやユライ・プスカルなどのエースの乗機となった。ヨゼフ・スタウデル（撃墜12機）は1944年6月26日、部隊がほとんど全滅する結果となったスロヴァキア上空の空戦に本機で参加した。「白の2」はアメリカ戦闘機により損傷を受けたものの、イヴァンカ・プリ・ドゥナイ付近に胴体着陸し、「ヨゾ」・スタウデルは生き残った。

23
Bf109G-6（W.Nr.161717）「白の6」
1944年6月　スロヴァキア　ピエシュチャニ
第13飛行隊　パヴェル・ゼレナーク曹長

この機体はヤーン・ゲルトホーフェル、イジドル・コヴァリク、ユライ・プスカル（撃墜5機）、フランティシェク・ハノヴェツ（撃墜5機、および不確実1機）などのエースたちに使用された。最後の搭乗者となったのは撃墜12機のパヴェル・ゼレナークで、1944年6月26日、本機でアメリカ軍のライトニング護衛戦闘機に撃墜された。ゼレナークはブルノフツェ付近への胴体着陸に成功したが、機体は損傷が大きく、もはや修理されなかった。ゼレナークは背骨を折って病院に収容され、パイロットとしての生命は終わったものの、戦後も空軍に留まった。

24
Bf109G-6（W.Nr.161713）「白の10」
1944年6月　スロヴァキア　ピエシュチャニ
第13飛行隊　フランティシェク・ハノヴェツ上級軍曹

公認撃墜5機、不確実撃墜1機のスコアをあげたハノヴェツは大戦中のスロヴァキア空軍のすべての戦いに加わったベテランで、この機体にたびたび搭乗している。だが1944年6月26日、本機はグスタヴ・ランク（撃墜3機）が操縦して、南部スロヴァキア上空でリベレーターを1機撃ち落したものの、彼もまた護衛のライトニングに撃墜された。ランクは重傷を負って機外に脱出できず、機体もろともマティロスラヴォフ・ナ・オストロヴェに墜落して死亡した。

25
Bf109G-6（W.Nr.161735）「白の8」
1944年春　スロヴァキア　ピエシュチャニ
第13飛行隊　イジドル・コヴァリク曹長

イジドル・コヴァリクは28機のスコアをあげたスロヴァキア第二位のエースで、ヤーン・ゲルトホーフェルと同様、この機体が第13飛行隊に到着早々に試乗している。だが本機に乗る機会が最も多かったのは飛行隊の戦友カロル・ゲレトコ（撃墜1機）で、結局、1944年6月14日、スピシュスカ・ノヴァ・ヴェス飛行場に着陸の際に事故を起こし、登録抹消となってしまった際の操縦者もゲレトコだった。胴体の黄色帯の下に、最初に書かれていた「白の8」のあとがはっきり見てとれる。

26
Bf109G-6（W.Nr.161742）「白の7」
1944年6月　スロヴァキア　ピエシュチャニ
第13飛行隊　ルドルフ・ボジク上級軍曹

1944年1月に第13飛行隊に支給されて以後、本機はユライ・プスカル、ヤーン・ゲルトホーフェル、ヤーン・レズナク、ヨゼフ・スタウデルなどエースたちの乗機となったが、最も多く使用したのはルドルフ・ボジク（撃墜11機、不確実1機）だった。1944年6月26日、ボジクはアメリカ軍のB-17「空の要塞」を1機撃破することに成功したが、その際「白の7」も大きな損傷を受け、やっとのことでピエシュチャニに帰還した。本機はやがて修理され、8月1日、「ルド」・ボジクは、アウグスティン・マラル大将の陸軍部隊を空から援護している空中戦闘群への増援に本機で東部スロヴァキアに飛んだ。結局、ボジクは8月31日、この機でソ連軍占領地域に逃亡した。

27
Bf109G-6（W.Nr.161742）もと「白の7」
1944年9月　スロヴァキア　トリ・ドゥビ
連合飛行隊　ルドルフ・ボジク上級軍曹

逃亡後、ボジクは中部スロヴァキア、トリ・ドゥビを基地とする民族蜂起軍連合飛行隊を増援するため、この機体で（W.Nr.161725を操縦するハノヴェツと一緒に）スロヴァキアに戻ってきた。「白の7」とスロヴァキア国籍マークは急いでチェコスロヴァキア軍用カーキ色を吹き付けて消され、その上に蜂起軍マークが描かれた。蜂起のあいだ、この機体には「フェロ」・ブレジナ、「ヴラド」・クリシュコ、「フェロ」・ハノヴェツ、「ピシュタ」・オツヴィルク、「フェロ」・ツィプリヒなどのエースが搭乗したが、通常はボジクがパイロットを務めた。ボジクは第13飛行隊で9機のスコアをあげていたが、連合飛行隊でさらに公認2機、不確実1機を追加した。1944年9月6日、ボジクはFw189を1機、協同で撃墜、同16日にJu88を1機、10月4日には2機目のFw189を撃ち落としたが、いずれも本機によるものだった。ツィプリヒも9月12日、本機でJu88を1機落としている。1944年10月25日、トリ・ドゥビ飛行場はドイツ軍に包囲され、アウグスティン・クボヴィツ（スコア1機）はやむなく本機でソ連軍占領地へと脱出を図ったが、たどり着くことはできなかった。ドゥクラ峠上空で対空砲火に撃たれ、ヘルマノフツェ村付近に墜落、パイロットは死亡した。

28
Bf109G-6（W.Nr.161725）
1944年9月　スロヴァキア　トリ・ドゥビ
連合飛行隊　フランティシェク・ツィプリヒ上級軍曹

同じく、波瀾に富んだ生涯を送った「グスタフ」の1機で、1944年2月にスロヴァキアに供与され、レズナク、コヴァリク、ブレジナ、ハノヴェツらの乗機となった。8月1日、ハノヴェツの操縦で空中戦闘群増援のため東部スロヴァキアに飛んだが、31日、彼は本機ともどもソ連軍占領地に逃亡した。9月6日、本機はハノヴェツの操縦で再びトリ・ドゥビに戻り、それからわずか数分後、フランティシェク・ツィプリヒが搭乗して、ルドルフ・ボジクの操縦するW.Nr.161742とともに緊急出撃した。2機の戦闘機はドイツ軍のFw189偵察機1機をすみやかに葬った。この時期、ボジクとブレジナもW.Nr.161725を使用したひとりだった。1944年9月10日、本機はトリ・ドゥビでドイツ空軍の攻撃を受けて破壊された。

29
La-5FN 「白の62」 1944年9月
スロヴァキア ズルナおよびトリ・ドゥビ
第1チェコスロヴァキア戦闘機連隊
アントン・マトゥシェク上級軍曹
撃墜12機のエース、アントン・マトゥシェクは1943年9月9日にソ連に逃亡したのち、以前はイギリス空軍に勤務していた経験豊かなチェコ人パイロットたちを基幹とする、チェコスロヴァキア空軍に加わった。この連隊はソ連製のLa-5FNを装備し、1944年9月から10月にかけ、スロヴァキアの民族蜂起に参加した。マトゥシェクは1944年9月17日、ソ連軍占領地から「白の62」でスロヴァキアに飛んだ。トリ・ドゥビが10月25日にドイツ軍に包囲されたのち、マトゥシェクはソ連軍占領地に戻ろうとしたが、対空砲火に撃ち落された。ドゥマノフツェ村付近に不時着した彼はパルチザン部隊に加わり、原隊に復帰したのは数カ月後のことだった。彼の乗機の胴体は2種のグレーに塗られ、下面はライトブルーである。黒で縁取りされた大きな数字「62」は、製造工場でつけたシリアルナンバーの最後の2文字。濃いグレーブルーのスピナーにも注目。

30
La-7 (s/n 45210806) 「白の06」「Gorkovskiy rabochiy」
1945年5〜6月 プラハ
第2チェコスロヴァキア戦闘機連隊
この連隊は大戦終了時、第1チェコスロヴァキア混成航空師団の一部をなし、かつてのスロヴァキア空軍のエース、フランティシェク・ツィプリヒ、ルドルフ・ボジク、ステファン・オツヴィルクらが勤務していた。彼らの何人かが搭乗したこともあるこの機体は、ゴーリキー市の労働者たちから献納されたもので、そのことを示すGorkovskiy rabochiyの文字が書かれている。1946年7月28日に登録抹消となり、その後は構造強度試験に使われた。色分け塗装されたスピナーと機首の稲妻は部隊の識別マークである。

31
La-7 (推定s/n 45212611) 「白の11」
1946年7月 スロヴァキア ピエシュチャニ
第2航空連隊 シュテファン・オツヴィルク軍曹
異なる旗のもとに6年間戦ったのち、VEデイ[欧州戦勝利の日]の直後、スロヴァキア飛行士たちはチェコスロヴァキア空軍に復帰した。かつてドイツ第52戦闘航空団第13 (スロヴァキア)中隊に所属して5機のスコアをあげた、この機体に搭乗していた。ソ連空軍の標準的な塗装だが、国籍マークはチェコスロヴァキアのものが描かれている。3色のスピナーと機首の稲妻は部隊のシンボルマーク。本機は1946年8月5日に事故を起こし、登録を抹消された。

32
B135 1944年3月30日 ブルガリア
ドルナ・ミトロポリア
ブルガリア戦闘機操縦士学校校長
クラスティオ・アタナソヴ大尉
1944年3月30日、アメリカ軍爆撃機隊がソフィアに襲来した際には、飛べるかぎりの第一線ブルガリア戦闘機が迎撃にあたり、飛行学校所属の機体までもが駆り出されたが、このB135はそうした4機のうちの1機。火力の貧弱な、このチェコ製戦闘機がたった一度だけ体験した実戦で、アタナソヴはヨルダン・フェルディナント准尉と協同でB-17を1機撃ち落した。ブルガリアは1940年にB135を12機発注し、1943年になって一式部品の状態で受領した。この機の製造権も同時に取得していたが、1941年に計画中止となり、ブルガリアに到着した12機は戦闘練習用に格下げされた。

33
D.520 「赤の1」 1943年12月〜1944年1月
ブルガリア ヴラジデブナ
2.6大隊第662中隊長 アセン・コヴァチェヴ中尉
ドイツが1942年11月にヴィシー・フランスを占領したのち、1943年8月になって、ブルガリア空軍は96機のD.520を受領した。コヴァチェヴは1938年にドイツで戦闘機パイロット教育を受けた最初の7名のブルガリア士官のひとりで、図は彼が提供した情報に基づいて描かれた。

34
D.520 1943〜1944年 ブルガリア カルロヴォ
所属部隊不詳
この機体にはドイツ空軍の航空団司令のものと同様の非公式なマークが描かれているが、ブルガリアにはこれに正しく対応する地位は存在しない。D.520はブルガリア戦闘機パイロットたちから高く評価され、ソフィア防空戦では、この機種は公認撃墜14機をあげている。生き残った機体は戦闘練習機として1946年まで使用された。

35
Bf109E-4 「白の11」 1943年初め
ブルガリア カルロヴォ
3.6大隊第672中隊長 ミハイル・グリゴロヴ
赤い悪魔のエンブレムはグリゴロヴが自分の部隊の全機に描いたもので、ドイツ空軍第1戦闘航空団第IV飛行隊のエンブレムにヒントを得ているが、色は変えてある。

36
Bf109G-6 「黒の1」 1944年初め
ブルガリア ボジューリシュテ
3.6大隊第682中隊 ストヤン・ストヤノヴ
ストヤノヴは3.6大隊長に昇進するまで、この機体に搭乗し、その後は後任中隊長ペタル・マノレヴ中尉が使用した。図はマノレヴから提供された情報に基づいている。

37
Bf109G-6 「赤の6」 1943年12月
ブルガリア ヴラジデブナ
2.6大隊第652中隊 S・マリノポルスキ少尉
この機のコクピットの下に書かれている「HELGA」はパイロットのガールフレンドの名前だが、少し遠くからだと撃墜マークに見えるように工夫してある！ 塗装はペタル・マノレヴにより確認済み。

38
Bf109G-2 「黄色の2」 1943年12月20日
ブルガリア カルロヴォ
3.6大隊 ディミタル・スピサレヴスキ中尉
1943年12月20日、スピサレヴスキは本機でアメリカ軍B-24リベレーター1機を撃墜した。両軍の目撃者の証言によれば、彼はそのあと体当たり攻撃で2機目のリベレーターを落しているのだが、公式には最初の1機の撃墜しか認められていない。隊内番号が黄色なのは本部小隊所属機であることを示している。

39
Bf109G-6 「白の7」 1944年夏
ブルガリア ボジューリシュテ
3.6大隊 ソモヴ中尉
ドイツから1944年半ばにブルガリアに支給された「グスタフ」の最後のバッチの1機で、大戦後期に使われたエラ風防を装備していることに注意。

参考文献
Grigorov, Mikhail, *Burning Sky*
Mlandenov, Alexander, *A Decade of Air Power, Bulgaria 1940-1949.* Wings of Fame, Volume 13
Neulen, Hans Werner, *In the Skies of Europe, Air Forces allied to the Luftwaffe 1939-1945.* The Crowood Press, 2000
Stoyanov, Stoyan, *We defended Sofia,* Articles published in Bulgarian journals *Aerosvyat* (*Air World*) and *Krile* (*Wings*)

情報提供者
Deltchev, Ivan （航空史研究者、ジャーナリスト）
Kovatchev, Assen （元2.6大隊第662中隊長）
Manolev, Petar （元3.6大隊第682中隊長）

◎著者紹介｜イジー・ライリヒ　Jiri Rajlich
　　　　　　ステファン・ボシュニャコヴ　Stephan Boshniakov
　　　　　　ペットコ・マンジュコヴ　Petko Mandjukov

イジー・ライリヒはチェコ共和国在住の航空史家で、同国の主要空港プラハ＝クベリーにある航空博物館で主任学芸員を務めている。ステファン・ボシュニャコヴとペットコ・マンジュコヴはともにブルガリアのソフィアで活動している航空研究者で、ブルガリア航空博物館のために働いたことがある。

◎訳者紹介｜柄澤英一郎（からさわ えいいちろう）

1939年長野県生まれ。早稲田大学政治経済学部卒業後、朝日新聞社入社。『週刊朝日』『科学朝日』各記者、『世界の翼』編集長、『朝日文庫』編集長などを経て1999年退職、帰農。著書に『日本近代と戦争』『ゼロ戦20番勝負』（共著、PHP研究所刊）、訳書に『第二次大戦のポーランド人戦闘機エース』『第二次大戦のイタリア空軍エース』『第二次大戦のフランス軍戦闘機エース』『ハンガリー空軍のBf109エース』（いずれも大日本絵画刊）などがある。

オスプレイ軍用機シリーズ51

第二次大戦のスロヴァキアとブルガリアのエース

発行日　　2005年7月9日　初版第1刷

著者　　イジー・ライリヒ
　　　　ステファン・ボシュニャコヴ
　　　　ペットコ・マンジュコヴ

訳者　　柄澤英一郎

発行者　　小川光二

発行所　　株式会社大日本絵画
　　　　　〒101-0054 東京都千代田区神田錦町1丁目7番地
　　　　　電話：03-3294-7861
　　　　　http://www.kaiga.co.jp

編集　　株式会社アートボックス
　　　　http://www.modelkasten.com/

装幀・デザイン　関口八重子

印刷／製本　大日本印刷株式会社

©2004 Osprey Publishing Limited
Printed in Japan
ISBN4-499-22878-6 C0076

Slovakian and Bulgarian Aces of
World War 2
Jiri Rajlich
Stephan Boshniakov
Petko Mandjukov
First Published In Great Britain in 2004,
by Osprey Publishing Ltd, Elms Court,
Chapel Way, Botley Oxford, OX2 9LP.
All Rights Reserved.
Japanese language translation
©2005 Dainippon Kaiga Co., Ltd

ACKNOWLEDGEMENTS
Jiri Rajlich wishes to thank the following
individuals for their invaluable help -- Stefan
Androvic, Bernd Barbas, Winfried Bock, the
late Rudolf Bozik, Frantisek Cyprich, Anton
Droppa, Martin Fekets, the late Werner
Girbig, Frantisek Hanovec, Jaroslav Janecka,
Vladimir Karlicky, Milan Krajci, the late Juraj
Rajninec, Jan Reznak, Jiri Sehnal, the late
Stanislav Spurny and Ladislav Valousek.